카를로 로벨리는 이 책에서 우리를 '시간이 없는 우주'로 이끈다. 우주라는 공간에서는 시간이라는 변수가 없고, 과거와 미래의 차이도 없고, 때때로 시공간도 사라진다. 우리가 알고 있던 세상의 기본 구조, 과거－현재－미래 순서로 흐르는 사건, 모든 사람에게 동등하게 느껴지는 세월의 속도도 산산조각 난다. 지금 이 순간에도 '흘러가고' 있는 시간은 사실 연속된 '선'이 아니라 흩어진 '점'이다.

이 믿기 힘든 놀라운 이야기들, 시간의 본질에 대한 신비로운 내용들은 그가 평생을 바친 이론 물리학 연구의 핵심이다. 이 책에서 그는 지금껏 현대 물리학이 시간에 대해 알아낸 성과 위에서, 시간을 더 잘 이해하기 위해 걷고 있는 수많은 시도들, 또한 여전히 알아내지 못한 것 그리고 예상 가능해 보이는 거의 모든 것들에 대해 이야기한다.

THE ORDER OF TIME

L'ordine del tempo
by Carlo Rovelli

First published in Italy
by Adelphi Edizioni SPA under the title L'ordine del tempo 2017

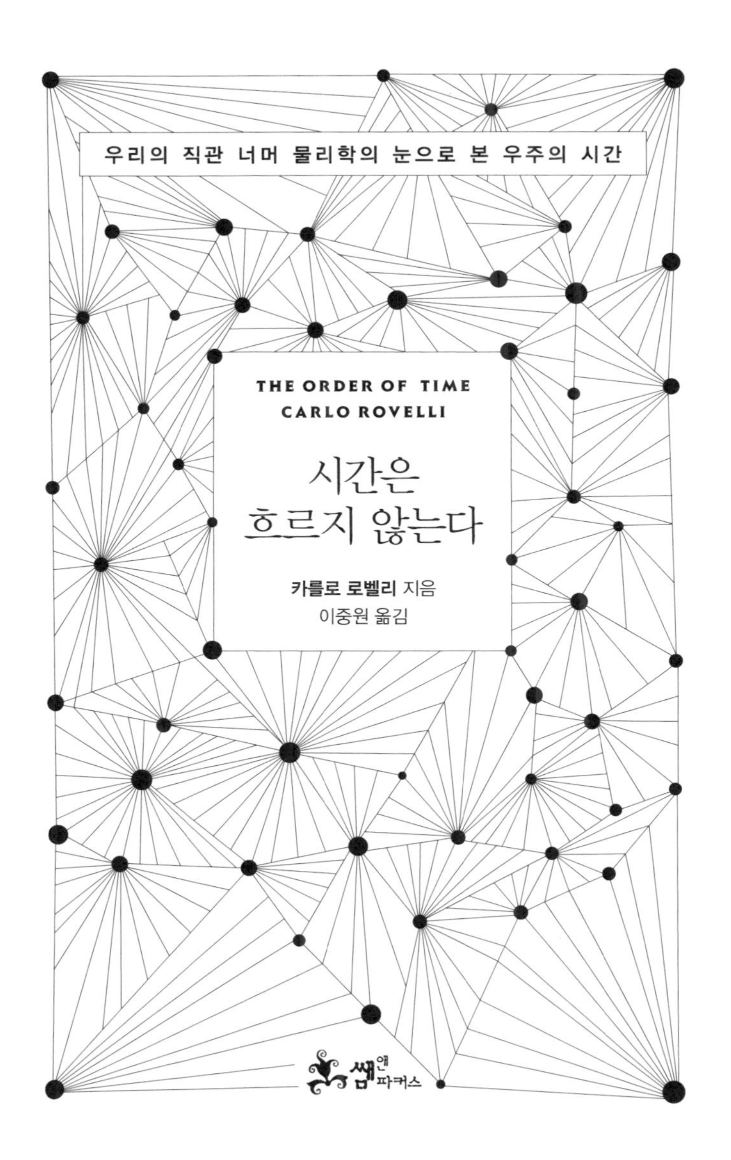

우리의 직관 너머 물리학의 눈으로 본 우주의 시간

THE ORDER OF TIME

CARLO ROVELLI

시간은 흐르지 않는다

카를로 로벨리 지음

이중원 옮김

쌤앤파커스

*

에르네스토와 빌로,
에도아르도에게

일러두기

- 이 책은 Carlo Rovelli의 《L'ordine del tempo》를 대본으로 삼아 영역판 《The Order of Time》을 참고하여 번역하였다.
- 독자의 이해를 돕기 위한 주석은 각주로 처리했으며 옮긴이주는 [•]로 저자주는 [◆]로 구분하였다.

이 세상의 가장 거대한 신비는 시간

우리가 지금 하는 말도 시간이 자신의 전리품으로
이미 가져갔으며, 되돌릴 수 없다.
1권 11편◆

가만히 멈춰 아무것도 하지 않는다. 아무 일도 일어나지 않는다. 아무 생각도 하지 않는다. 그저 시간이 흐르는 소리를 듣는다.

이것이 시간이다. 친숙하고 은밀하다. 시간이라는 도둑은 우리를 끌고 간다. 1초, 1분, 1시간, 1년의 쏜살같은 흐름이 우

◆ 이 책, 각 장의 시작 부분에 인용한 글은 줄리오 갈레토Giulio Galetto가 번역한《이 작은 원 안에서In questo breve cerchio, Verona, Edizioni del Paniere》라는 아주 짧지만 매력적인 책에 담긴 내용 중, 호라티우스Horace의 〈송가Odes〉에서 따온 것이다.

리를 삶 속으로 밀어넣었다가 나중에는 아무것도 없는 무無로 끌고 간다. 물고기가 물속에서 사는 것처럼 우리는 시간 속에서 산다. 우리 존재는 시간 속에 존재한다. 시간의 애가哀歌는 우리의 영양분이 되고, 우리에게 세상을 열어주며, 우리를 혼란스럽게 하는 한편, 편안한 요람이 되어주기도 한다. 세상은 시간의 순서에 따라, 시간이 이끌어가는 일들을 펼쳐나간다.

힌두교 신화에서 우주의 흐름은 '춤추는 생명의 여신'이라는 이미지로 나타난다. 여신의 춤이 우주의 이동을 다스리는 시간의 흐름을 상징한다. 시간의 흐름보다 더 범세계적이고 더 명확한 것이 있을까?

하지만 세상일은 아주 복잡하다. 현실은 겉으로 보이는 것과 다르다. 우리 눈에는 평평해 보이는 지구가 알고 보면 공 모양이라는 사실이 그렇고, 태양이 하늘에서 회전하는 것 같지만 정작 돌고 있는 것은 우리라는 사실 역시 그렇다. 시간의 구조도 보이는 것과는 다르다. 온 세상의 시간이 똑같이 흐르는 것 같지만 실은 그렇지 않다. 나는 시간이 우리가 보는 것과 다르게 작용한다는 이 놀라운 진리를 대학 시절 물리학 책에서 발견했다.

또한 그런 물리학 책들을 보면서 우리가 아직 시간이 정말 어떻게 작동하는지를 모른다는 사실도 알게 되었다. 시간의 특성은 세상에 남아 있는 가장 큰 신비일 것 같다. 게다가 사물의 본성이나 우주의 기원, 블랙홀들의 운명, 생명의 작용처럼 이 세상에 펼쳐져 있는 또 다른 거대한 신비들은 묘하게 시간의 신비와 엮여 있다. 본질적인 무엇인가가 우리를 계속해서 시간의 본성으로 이끌고 있다.

시간의 경이로움은 '알고자 하는' 우리 욕구의 원천이 되었다.[1] 시간이 우리가 생각한 것과 다르다는 사실을 알자 수많은 의문이 꼬리를 물고 이어졌다. 시간의 본질은 내가 평생을 바친 이론물리학 연구의 핵심이다. 이 책에서 나는 이제까지 시간에 대해 파악한 것과, 시간을 더 잘 이해하기 위해 걷고 있는 수많은 길들, 아직 알아내지 못한 것, 그리고 개인적으로 예상 가능해 보이는 것들에 대해 이야기할 것이다.

우리는 왜 과거는 떠올리면서 미래는 떠올리지 못할까? 우리가 시간 속에 존재하는 것일까, 시간이 우리 안에 존재하는 것일까? 시간이 '흐른다'는 것은 정말 어떤 의미일까? 무엇이 시간과 우리의 주관적 본성을 연결시키는 것일까?

시간의 흐름에 귀 기울일 때, 내가 듣는 것은 무엇일까?

이 책은 3부로 나뉘어 있으며 각 부의 비중이 다르다. 1부에서는 현대 물리학이 시간에 대해 이해한 것을 요약했다. 눈

꽃 한 송이를 손안에 놓았을 때처럼, 조금씩 공부하다 보면 어느새 1부는 손가락 사이에서 녹아 사라지게 될 것이다.

우리는 보통 시간이 단순하게, 기본적으로 어디서든 동일하게, 세상 모든 사람의 무관심 속에 과거에서 미래로, 시계가 측정한 대로 똑같이 흐른다고 생각한다. 시간의 흐름 속에서 우주의 사건들이 과거와 현재, 미래의 순서대로 벌어진다고 보는 것이다. 과거는 정해졌고, 미래는 열려 있고……. 하지만 이 모두가 틀린 것으로 드러났다.

시간의 특징적인 양상들 하나하나가 우리의 시각이 만든 오류와 근사치들의 결과물이다. 앞서 언급한 지구가 평평해 보이는 것이나 태양의 회전이 그 예이다. 그러나 인간의 지식이 성장하면서 시간에 대한 개념은 서서히 베일을 벗게 되었다. 우리가 '시간'이라고 부르는 것은 구조들[2], 즉 층들이 복잡하게 모인 것이다. 점점 더 깊이 연구가 진행되면서, 시간은 이 층을 하나둘씩 한 조각, 한 조각 잃어왔다. 이 책의 1부는 이렇게 시간이 베일을 벗는 이야기로 구성된다.

2부에서는 마지막에 남는 것에 대해 설명한다. 바람이 부는 텅 빈, 속세의 흔적은 거의 사라진 듯한 풍경, 그것이 마지막 모습이다. 이상하고 멀게 느껴지지만 그것이 우리 세상이다. 이 세상을 보면 마치 눈과 바위, 하늘만 있는 높은 산을 오르는 느낌일 것이다. 암스트롱Armstrong, 1930~2012과 앨드린Aldrin, 1930~이 달에서 움직임이 전혀 없는 모래를 체험하는 느낌이 들 수도 있다. 어쨌든 마지막에 남은 세상은 무미건조하고 황량한 불모지가 오히려 아름답게 빛나는, 원초적인 곳이다. 양자중력을 연구하는 물리학은 이 극단적이지만 너무 아름다운 풍경, 즉 시간이 없는 세상을 파악하고 의미를 부여하려는 노력을 담고 있다.

이 책의 3부는 가장 어렵지만, 가장 생생하고 우리와도 가장 가까운 내용을 다룬다. 시간이 없는 세상에는 시간의 순서, 미래와 다른 과거, 유연한 시간의 흐름과 함께 여전히 우리에게 익숙했던 시간을 불러일으키는 '무언가'가 분명 존재한다. 우리의 시간은 어떤 방식으로든 우리를 위해, 우리 주위에, 우리의 척도에 맞게 나타나야 한다.[3]

3부는 세상의 기본적인 문법에 따라, 이 책의 1부에서 언급한 잃어버린 시간을 향하는 회귀 여행이다. 이제 우리는 추리소설에서처럼 시간을 발생시킨 용의자를 찾아 떠날 것이다. 우리에게 익숙한 시간을 구성하는 조각들을 찾아 나설 것이다. 그 조각들은 실재하는 구조물이 아니며 어설프고 서투른, 그리고 죽음을 면할 수 없는 인간이 관점이나 양상에 따라 근사近思적으로 만든 것들이다. 왜냐면 결국, 시간의 미스터리는 우주보다는 우리와 더 관련이 있기 때문이다. 추리물 중 가장 위대한 최초의 작품인 소포클레스Sophocles, BC 496~BC 406의 〈오이디푸스 왕Oidipous Tyrannos〉에서 아폴로의 저주를 피해 아들을 죽이고자 했으나 끝내 아들의 손에 죽은 라이오스 왕처럼, 시간을 발생시킨 범인은 결국 수사관인 우리 인간일지 모른다.

이 책은 때로는 번뜩이지만, 때로는 혼란스러운 아이디어들이 펄펄 끓는 용암이 될 것이다. 여러분이 나를 잘 따라오기만 한다면, 시간에 관해 지금 우리 지식이 도달했다고 생각되는 지점까지 갈 수 있고, 또 아직 우리가 알지 못하는 거대한 바다, 칠흑 같지만 별이 빛나는 대양으로도 나아갈 수 있을 것이다.

| CONTENTS |

1부

시간 파헤치기

01

유일함의 상실

사랑의 춤이 이 영롱한 밤들의 달빛에 빛나는
다정하디다정한 소녀들을 엮고 있다.
1권 4편

시간 늦추기

간단한 것부터 시작해보자. 시간은 산에서 더 빨리, 평지에서는 더 느리게 흐른다. 아주 작은 차이지만, 인터넷으로 천 유로 정도에 살 수 있는 정밀한 시계로 측정이 가능하다. 조금만 훈련하면 누구든 시간이 느려지는 현상을 확인할 수 있다. 전문 실험실용 시계가 있으면, 몇 센티미터만 낮아져도 시간이 지연되는 현상을 관찰할 수 있다. 예를 들어 시계는 탁자 위에 놓았을 때보다 바닥에 두었을 때 솜털만큼 더 느리다.

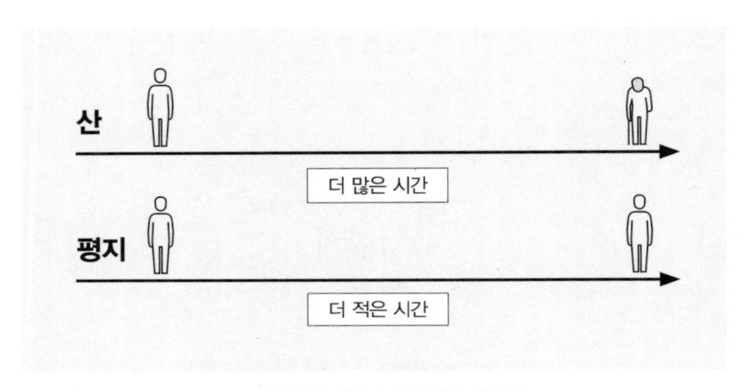

1-1 아래쪽은 위쪽보다 시간이 더 적다.

시계만 느리게 가는 게 아니다. 아래쪽에서는 모든 과정이 더 느리다. 나이가 같은 두 친구가 있는데, 한 명은 평지에 살고 다른 한 명은 산에 산다고 해보자. 수년이 지난 뒤 두 사람이 만나면, 평지에서 산 친구는 살아온 시간이 더 짧아서 덜 늙어 있다. 이 친구의 집에 걸린 뻐꾸기시계는 덜 진동했고, 볼일을 볼 시간도 적었으며, 집에서 기르는 식물도 덜 자랐다. 또한 이 친구는 생각을 행동으로 옮길 시간도 적었다. 아래쪽은 위쪽보다 시간이 적기 때문이다.

믿기 힘든가? 그럴 수 있다. 하지만 세상은 그렇게 만들어져 있다. 어떤 곳에서는 시간이 천천히 흐르고, 어떤 곳에서는 빨리 흐른다.

이처럼 시간이 지연된다는 사실을, 누군가는 무려 한 세기 전에 깨달았다. 심지어 정밀 시계도 없이 알아냈다. 그 위대한 인물은 바로 아인슈타인Einstein, 1879~1955이다.

눈으로 보기 전에 이해하는 능력은 과학적 사고의 핵심이다. 고대에 아낙시만드로스•는 인간이 배로 지구를 일주하지 못했을 때에도 하늘이 우리 발밑으로 계속 이어져 있다는 것을 알았다. 근대 초의 코페르니쿠스Nicolas Copernicus, 1473~1543는 달에서 지구가 도는 모습을 관찰하기 전인데도 지구가 돈다는 것을 알아냈다. 아인슈타인도 시계가 미세한 시간의 차이를 측정할 정도로 정확해지기 전에 시간이 균일하게 흐르지 않는다는 것을 알았다.

이런 과정을 거치면서 우리는 분명하다고 생각했던 일들이 편견에 불과했음을 배운다. 하늘은 분명히 위에 있다.(그렇게 보인다.) 아래에 있다면 지구는 아래로 떨어질 것이다. 지구는 분명 움직이지 않는다.(그렇게 보인다.) 움직인다면 혼란에 빠질 것이다. 시간은 어디에서나 같은 속도로 흐른다.(그렇게 보인다.) 분명히 그런데…….

아이들은 자라면서 사방이 벽으로 둘러싸인 집 안에서 보

• Anaximandros, BC 610년경~BC 546년경, 그리스의 이오니아학파의 자연철학자.

는 것이 세상의 전부가 아니라는 것을 배운다. 어떤 인류든 마찬가지다.

아인슈타인은 중력을 연구할 때 수많은 사람들을 어리둥절하게 했던 질문을 자기 자신에게 던졌다. 태양과 지구가 서로 접촉을 하는 것도 아니고 중간에 아무것도 없는데, 어떻게 중력으로 서로를 '끌어당기는가' 하는 것이었다. 아인슈타인은 납득이 갈 만한 설명을 찾으려 했다. 그래서 태양과 지구가 직접 서로를 끌어당기지는 않지만, 양쪽 모두 둘 사이에 있는 그 무엇인가에 서서히 반응하는 것이라고 생각했다. 그리고 그 사이에는 공간과 시간만 있으니 태양과 지구가 각자 주위의 공간과 시간을 변화시킨다고 생각했다. 마치 어떤 물체가 물속에 잠기면 주변의 물이 흐트러지듯이, 시간의 구조가 변경되면 모든 물체의 운동에 영향을 끼치고, 그들이 서로를 향해 '떨어지게' 만든다는 것이다.[4]

'시간의 구조를 변경한다'는 것은 무슨 의미일까? 앞에서 설명한 시간의 지연을 뜻한다. 모든 물체는 자기 주위의 시간을 더디게 한다. 지구도 하나의 거대한 덩어리로, 주위의 시간을 늦춘다. 평지에서 시간이 더 많이 지연되고, 산에서는 덜 지연되는 이유는 산이 지구의 중심과 좀 더 멀리 떨어져 있기 때문이다. 이러한 이유로 평지에 사는 친구는 덜 늙는 것이다.

물체가 떨어지는 것도 이러한 시간의 지연 때문이다. 시간이 동일하게 흐르는 곳, 예를 들어 행성 사이의 공간에서는 물체가 추락하지 않고 떠 있다. 그러나 우리가 사는 지구의 표면에서는 사물이 자연스럽게 시간이 더 느리게 흐르는 쪽으로 향한다. 해변에서 바다로 달려가면 발에 닿는 물의 저항력 때문에 앞으로 넘어지는데, 이때도 머리부터 파도에 처박힌다. 즉, 사물이 아래쪽으로 떨어지는 이유는 아래쪽일수록 시간이 지구 때문에 느려지기 때문이다.[5]

시간의 지연은 그 자체를 관찰하기 어렵지만, 물체를 떨어지게 하고 우리가 두 발을 땅에 딛고 서 있게 하는 등 눈에 보이는 영향을 끼친다. 두 발이 바닥에 붙어 있다면 시간이 천천히 흐르는 곳으로 온몸이 이동하고 있다는 뜻으로, 이때 발 쪽의 시간은 머리 쪽의 시간보다 더 천천히 흐른다.

이상한가? 우리 인간은 석양이 질 무렵 태양이 황홀한 모습으로 가라앉기 시작해 저 먼 구름 뒤로 서서히 사라지는 광경을 보면서 움직이는 것은 태양이 아니라 지구라는 것을 알아냈다. 그리고 열정 가득한 지혜의 눈으로 지구에 대한 이 모든 것, 그리고 지구와 함께 우리가 뒤로 회전하면서 태양과 멀어지고 있다는 것을 알아냈다. 이러한 것들을 발견한 자들은 언덕 위에 올라선 폴 매카트니Paul McCartney, 1942~의 열정에 찬 두

눈•을 하고 일상에 찌들어 졸고 있는 보통 사람들이 볼 수 없는 상상 속의 세상을 볼 것이다.[6]

춤추는 만 명의 여신

나는 26세기 전에 지구가 그 어떤 것에도 의지하지 않은 채 우주 공간을 떠다닌다는 사실을 알아낸 그리스 철학자 아낙시만드로스에게 특별한 애정을 느낀다.[7]

우리가 익히 알고 있는 아낙시만드로스의 사상은 대개 다른 사람들에게서 전해 들은 것인데, 아직 알려지지 않은 그의 기록이 한 편 남아 있다. 바로 이것이다.

사물은 필요에 따라
이것에서 저것으로 변화하고,
그것들은 시간의 순서에 따라 정당화된다.

"시간의 순서에 따라. κατά τήν τοῦ χρόνου τάξιν." 자연과학이 등장하는 초기의 중대한 순간에 '시간의 순서'에 호소라는 신비로

• 한 남자가 언덕 위에서 지는 해를 보면서 세계의 회전을 본다는 폴 매카트니의 곡 '언덕 위의 바보The Fool On The Hill'의 노랫말.

움에 휩싸인 애매한 표현만이 남아 있다.

천문학과 물리학은 "시간의 순서에 따라" 일어나는 현상들을 이해하라는 아낙시만드로스의 지침을 바탕으로 성장했다. 고대 천문학은 '시간 속'에서의 별들의 움직임에 대해 설명했다. 물리학 방정식들은 사물이 '시간 속에서' 어떻게 바뀌는지를 설명한다. 역학의 기초인 뉴턴Newton, 1642~1727의 방정식에서 전자기 현상을 설명하는 맥스웰Maxwell, 1831~1879의 방정식, 양자 현상의 진행 과정을 설명하는 슈뢰딩거Schrödinger, 1887~1961의 방정식, 소립자의 역학을 설명하는 양자장론에 이르기까지, 모든 물리학이 '시간의 순서에 따라' 사물이 어떻게 진화하는지를 연구하는 과학이다.

고대의 규칙에 따라 이 시간을 문자 t(프랑스어와 영어, 스페인어로는 시간이 't'로 시작되지만, 독일어나 아랍어, 러시아어, 중국어로는 아니다.)로 표시한다. t는 무엇을 가리킬까? 우리가 시계를 가지고 측정하는 숫자를 가리킨다. 방정식들은 시계로 측정된 시간이 조금씩 흐르면서 사물이 어떻게 변화하는지 설명해준다.

하지만 앞에서 본 것처럼 여러 다른 시계가 다른 시간을 가리킨다면 t는 그중 무엇을 가리킬까?

산과 평지에서 각각 몇 년 동안 살았던 두 친구가 다시 만났을 때, 이들이 손목에 찬 시계는 서로 다른 시간을 가리킨다. 이때 둘 중 어떤 시간이 t일까? 물리학 실험실의 시계들도 하나는 탁자 위에, 또 하나는 바닥에 두면 시간이 흐르는 속도가 다르다. 이 두 시계의 위상 차이를 어떻게 설명할 수 있을까? 탁자에서 측정한 시간이 진짜 시간이고, 그에 비해 바닥에 있는 시계의 시간은 느리다고 해야 할까? 아니면 탁자 위의 시계가 바닥에서 측정한 진짜 시간보다 더 빠르다고 해야 할까?

이런 질문은 의미가 없다. 마치 영국 화폐 스털링의 가치가 달러보다 더 정확한지, 아니면 달러의 가치가 스털링보다 더 정확한지 묻는 것과 같다. 정확한 가치란 없다. 두 화폐는 서로 상대에게 비교되는 가치를 지닐 뿐이다. 마찬가지로 더 진짜에 가까운 시간도 없다. 서로에 대해 상대적으로 변화하는 시간들일 뿐이다. 둘 중 다른 시간에 비해 더 진짜에 가까운 시간은 없다.

두 개의 시간만 있는 것이 아니라, 거의 군단을 이룰 정도로 많은 시간이 존재한다. 공간 속의 모든 지점마다 다른 시간이 적용되기 때문이다.

특별한 시계가 특별한 현상 속에서 측정한 시간을 물리학에서는 '고유 시간proper time'이라고 부른다. 모든 시계에는 각자의 고유 시간이 있다. 세상에서 일어나는 모든 현상에도 고유 시간, 고유의 리듬이 있다.

아인슈타인은 고유 시간들이 어떻게 서로에 대해 상대적으로 발전하는지를 설명하는 방정식을 가르쳐줬다. 그리고 두 시간의 차를 구하는 방법도 가르쳐줬다.[8]

유일하다고 생각한 '시간'이라는 양은 시간들의 거미줄 속에서 산산조각 난다. 이 책에서는 세상이 시간 속에서 어떻게 진화하는지는 설명하지 않을 것이다. 대신 여러 지역의 시간 속에서 사물이 어떻게 진화하는지와 여러 지역의 시간이 '서로 어떤 차이를 가지고' 진화하는지에 대해 살펴볼 것이다. 세상은 사령관의 구령에 맞춰 움직이는 군부대의 대형처럼 균일한 것이 아니다. 서로에게 영향을 끼치는 사건들이 그물처럼 얽혀 있는 것이다.

이것이 바로 아인슈타인의 일반상대성 이론에 그려진 시간의 모습이다. 아인슈타인의 방정식에는 헤아릴 수 없이 많은 시간이 존재한다. 두 가지 사건 사이에, 예를 들어 두 시계가 멀리 떨어져 있다가 다시 한자리에 모이게 되기까지 경과된 시간은 하나가 아니다.[9]

물리학은 사물이 '시간 속에서' 어떻게 진화하는지를 설명하지 않는다. 모든 사물이 각자의 시간 속에서 어떻게 진화하

는지, '시간들'이 서로 어떻게 다르게 진화하는지를 설명한다.◆

즉, 시간은 첫 번째 층인 유일함을 상실했다. 모든 장소의 시간은 다른 리듬과 속도를 갖는다. 다양한 리듬의 춤 속에서 세계의 사건들이 얽힌다. 세상이 춤추는 생명의 여신으로부터 지배를 받는다면 최소한 만 명의 여신이 있어야 할 테고, 그 여신들의 춤은 마티스Matisse, 1869~1954의 그림처럼 거대한 군무로 펼쳐질 것이다.

◆ '시간'이라는 단어는 다음과 같이 다양하게 사용되는데, 서로 관련은 있지만 명확히 구분된다. 1. '시간'은 사건들의 연속과 관련한 일반적인 현상이다.('들을 수도 없고 소음도 없는 시간') 2. '시간'은 이 연속 안에서의 간격이다.(내일, 내일, 내일 / 매일매일의 작은 보폭 걸음 / 기록된 시간의 마지막 음절) 3. 그 간격의 지속이다.('신사 양반, 인생의 시간은 짧아.') 4.'시간'은 특별한 순간을 가리킬 수도 있다('내 사랑이 떠나갈 시간이 다가오고 있다.') 5. '시간'은 지속을 측정하는 변수를 나타낸다.('가속도는 시간에 대한 속도의 미분이다.')
이 책에서는 일상의 사용과 마찬가지로 이러한 의미를 모두 자유롭게 사용한다. 혼동이 있을 경우, 이 부분을 재차 참조해달라.

02

방향의 상실

오르페우스가 더 다정해 나무들이 감동까지 할 정도였다면,
그대는 키타라를 조율하고 피는 공허한 그림자로 돌아가지 않고…….
험난한 운명이지만 모든 것을 뒤로 돌아가게 하기는 불가능하다.
1권 24편

영원한 흐름은 어디서 시작될까?

시계들이 산과 평지에서 다른 속도로 간다지만, 이는 결국 시간과 관련된 문제가 아닌가? 강물은 해안 쪽에서는 천천히, 중류에서는 빨리 흐르는 등 속도가 달라지지만 이것은 여전히 그냥 물의 흐름일 뿐이다. 어쨌든 시간은 모두 과거에서 미래로 흐르는 것 아닌가? 내가 앞 장에서 조바심 내며 다뤘던 시간을 측정하기 위한 숫자나, 시간이 얼마나 흘렀는지 정확히 측정하는 일에 대해서는 생각하지 말자. 그보다 더 중요한 측

면이 바로 시간의 흐름, 릴케Rilke, 1875~1926의 시 〈두이노의 비가Duineser Elegien〉에 등장하는 영원한 흐름이다.

> 영원한 흐름은 언제나
> 양쪽 영역•을 통해
> 그 안에서 모두를 압도하면서
> 모든 시대를 이끌고 간다.[10]

과거와 미래는 다르다. 원인은 결과에 선행한다. 상처가 나야 통증이 생기지, 통증을 느낀 뒤에 상처가 나는 일은 없다. 컵이 산산조각으로 부서진다면 그 조각들이 다시 컵이 되지는 않는다. 과거는 우리가 바꿀 수 없다. 후회와 회한, 행복한 기억 같은 것만 간직할 수 있다. 반면 미래는 불확실하고 욕망과 불안이 교차하며, 어쩌면 미래 자체를 운명이라고 할 수도 있다. 우리는 미래를 살 수 있고, 아직 존재하지 않기 때문에 선택할 수 있다. 미래에는 모두 가능한 것이다……. 시간은 양쪽 영역으로 똑같이 뻗은 선이 아니다. 끝부분이 서로 다른 화살표이다.

• 과거와 미래.

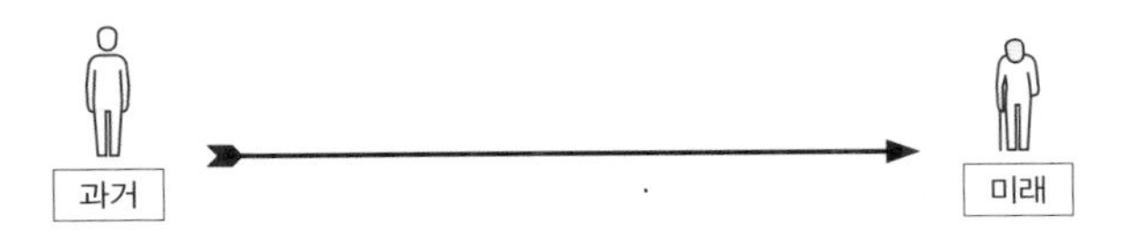

2-1 **시간은 끝부분이 서로 다른 화살표이다.**

시간이 흐르는 속도보다 이 점이 더 중요하다. 이것이 바로 시간의 핵심이다. 시간의 비밀은 우리가 본능적으로 느끼는 맥박의 진동 속에, 기억의 수수께끼 속에, 미래에 대한 불안감 속에 있다. 시간에 대해 생각한다는 것은 그런 의미이다. 그렇다면 시간의 흐름은 정확히 무엇일까? 세상의 문법으로 어떻게 정의할 수 있을까? 이 세상의 메커니즘 중에서 이미 존재해왔던 과거와 아직 존재하지 않은 미래를 구분하는 것은 무엇일까? 과거와 미래가 그토록 다른 이유는 무엇일까?

19세기와 20세기의 물리학은 이런 질문들과 맞닥뜨리게 되었고, 설상가상으로 시간이 장소에 따라 다른 속도로 흐른다는 예상치 못한 사실과 마주하며 당혹스러워했다. 세상의 메커니즘을 설명하는 기본 법칙에서 과거와 미래의 차이는(원인과 결과, 기억과 희망, 후회와 의지의 차이) 없기 때문이다.

열

모든 것은 한 시역 사건 때문에 시작되었다. 1793년 1월 16일, 파리의 국민공회는 루이 16세Louis XVI, 1754~1793에게 사형을 선고했다. 현재의 질서를 받아들이지 않는 반란은 아마도 과학의 가장 깊은 뿌리 중 하나일 것이다.[11] 이 치명적인 결정에 참여한 인물 중에는 로베스피에르Robespierre, 1758~1794의 친구인 라자르 카르노Lazare Carnot, 1753~1823도 있었다. 카르노는 페르시아의 시라즈 출신 사디•를 열광적으로 좋아했다, 아크리Acre에서 십자군에게 잡혀 노예가 되기도 했었던 이 시인은 현재 유엔UN 건물 입구에 적힌 다음과 같은 멋진 시를 쓴 사람이기도 하다.

> 모든 아담의 후예는 한 몸을 형성하며
> 동일한 존재다.
> 시간이 고통으로 그 몸의 일부를
> 괴롭게 할 때
> 다른 부분들도 고통스러워한다.

• Sa' di, 1209~1291, 페르시아의 대시인으로 30년간 탁발승으로 중근동 각지를 여행하고 시를 썼다.

그대가 다른 이들의 고통을 느끼지 못한다면
인간이라 불릴 자격이 없다.

어쩌면 과학은 눈에 보이는 것 이상을 볼 줄 아는 시에 그 뿌리를 두고 있을 수도 있다. 카르노는 시인 사디의 이름을 따 자신의 장남을 사디Sadi라고 불렀다. 이렇게 반란과 시를 바탕으로 사디 카르노Sadi Carnot, 1796~1832가 탄생했다.

젊은 사디 카르노는, 19세기에 불을 사용해 사물을 움직여 세상을 변화시키기 시작한 증기 엔진과 사랑에 빠진다.

그는 1824년에 《불의 동력에 관한 고찰Réflexions sur la puissance motrice du feu》이라는 매력적인 제목의 소책자를 썼는데, 여기서 그는 증기 기계의 작동에 대한 이론적 기초를 이해하고자 했다. 이 책에는 잘못된 개념들도 많다. 예를 들어 사디 카르노는 열이 안정적인 유체 같은 것으로, 폭포수가 위에서 아래로 떨어지면서 에너지를 생산하듯 뜨거운 것에서 차가운 것으로 열이 '낙하'하면서 에너지가 생산된다고 생각했다. 하지만 마지막에 분석한 '열이 고온에서 저온으로 이동하기 때문에, 증기 기계가 작동한다는 생각'은 매우 중요했다.

사디의 이 얇은 책은 예리한 관찰력을 지닌 프로이센 사람인 루돌프 클라우지우스Rudolf Clausius, 1822~1888 교수의 손에 들어

2-2 **루돌프 클라우지우스**

가게 된다. 그는 사디가 내놓은 아이디어의 핵심을 짚어 법칙을 발표해 세상의 칭송을 받는다. 달라진 내용은 이것뿐이다.

"열은 차가운 물체에서 뜨거운 물체로 이동할 수 없다."

여기서 핵심은 이 열의 특징과 낙하하는 물체와의 차이점이다. 공을 예로 들면 공은 낙하하기도 하지만, 반동으로 원래의 자리로 되돌아갈 수 있다. 하지만 열은 그럴 수 없다.

물리학에서 과거를 미래와 구분하는 일반 법칙은 루돌프

클라우지우스 교수가 발표한 이 법칙뿐이다. 다른 데서는 이를 다룬 적이 없다. 뉴턴의 역학 법칙들이나 맥스웰의 전자기 방정식, 아인슈타인의 상대론적 중력의 법칙, 하이젠베르크Heisenberg, 1901~1976와 슈뢰딩거, 디랙Dirac, 1902~1984의 양자역학 법칙, 20세기 물리학의 소립자 법칙 등 그 어떤 방정식도 과거를 미래와 구분하지 않았다.[12] 사건들의 한 시퀀스가 이 방정식들에서 허용된다면, 시간적으로 역행한 시퀀스도 허용된다.[13] 이 세상의 기본 방정식에서,[14] 시간의 화살표는 열이 있을 때만 나타난다.◆ 이처럼 시간과 열은 아주 깊은 관계에 있는데, 과거와 미래 사이에 차이가 나타날 때마다 열이 관여한다. 만일 거꾸로 진행한다면 터무니없어지는 모든 현상에는 열과 관련된 무엇인가가 있다.

굴러가는 공이 나오는 영상을 보면, 나는 이 영상이 정방향으로 재생되고 있는지 역방향으로 재생되고 있는지 모르겠다. 하지만 영상에서 공의 속도가 느려지거나 멈추면 정방향으로 재생되고 있다고 봐야 한다. 역방향으로 재생하면 멈춰 있던

◆ 엄격하게 말하면, 시간의 화살은 열과 직접적인 관련은 없더라도, 전기역학에서 뒤처진 퍼텐셜의 사용 예에서 보듯 열과 중요한 양상을 공유하는 현상에서 분명 나타날 수 있다. 이러한 현상에서 따라나오는 다른 부수 현상들에서도 마찬가지다. 하지만 나는 이러한 하위 사례들로까지 논의를 과하게 끌고 가지 않을 것이다.

390

so erhält man die Gleichung:

$$(64)\quad \int \frac{dQ}{T} = S - S_0,$$

welche, nur etwas anders geordnet, dieselbe ist, wie die unter (60) angeführte zur Bestimmung von S dienende Gleichung.

Sucht man für S einen bezeichnenden Namen, so könnte man, ähnlich wie von der Gröfse U gesagt ist, sie sey der *Wärme- und Werkinhalt* des Körpers, von der Gröfse S sagen, sie sey der *Verwandlungsinhalt* des Körpers. Da ich es aber für besser halte, die Namen derartiger für die Wissenschaft wichtiger Gröfsen aus den alten Sprachen zu entnehmen, damit sie unverändert in allen neuen Sprachen angewandt werden können, so schlage ich vor, die Gröfse S nach dem griechischen Worte ἡ τροπή, die Verwandlung, die *Entropie* des Körpers zu nennen. Das Wort *Entropie* habe ich absichtlich dem Worte *Energie* möglichst ähnlich gebildet, denn die beiden Gröfsen, welche durch diese Worte benannt werden sollen, sind ihren physikalischen Bedeutungen nach einander so nahe verwandt, dafs eine gewisse Gleichartigkeit in der Benennung mir zweckmäfsig zu seyn scheint.

Fassen wir, bevor wir weiter gehen, der Uebersichtlichkeit wegen noch einmal die verschiedenen im Verlaufe der Abhandlung besprochenen Gröfsen zusammen, welche durch die mechanische Wärmetheorie entweder neu eingeführt sind, oder doch eine veränderte Bedeutung erhalten haben, und welche sich alle darin gleich verhalten, dafs sie durch den augenblicklich stattfindenden Zustand des Körpers bestimmt sind, ohne dafs man die Art, wie der Körper in denselben gelangt ist, zu kennen braucht, so sind es folgende sechs: 1) der *Wärmeinhalt*, 2) der *Werkinhalt*, 3) die Summe der beiden vorigen, also der *Wärme- und Werkinhalt* oder die *Energie*; 4) der *Verwandlungswerth des Wärmeinhaltes*, 5) die *Disgregation*, welche als der Verwandlungswerth der stattfindenden Anordnung der Bestandtheile zu

2–3
클라우지우스의 논문에서 '엔트로피'의 개념과 명칭이 처음으로 소개된 페이지이다. 방정식은 물체의 엔트로피 변화(S–So)에 관한 수학적 정의를 주는데, 그것은 온도 T의 물체에서 나온 열의 양dQ의 총합(적분)이다.

공이 스스로 움직이기 시작하는 믿기 힘든 상황이 연출되기 때문이다. 공이 이동 속도가 느려지거나 멈추는 것은 마찰 때문이고, 이 마찰이 열을 생산한다. 그리고 열이 있는 곳에서만 과거와 미래가 구분된다. 생각도 과거에서 미래로 펼쳐나가야지, 그 반대가 되면 머리에서 열이 나고 만다.

클라우지우스는 '열이 역행 없이 한 방향으로만 이동하는 상황을 측정하는 양'에 대한 개념을 도입하고, 명석한 독일인

답게 그리스어로 '엔트로피entropy'라는 명칭을 붙인다. "나는 이 중요한 과학적 양의 이름을 고대 언어로 지어 인류의 모든 언어에 존재할 수 있게 하려고 한다. 그래서 그리스어로 변형을 뜻하는 'ἡ τροπή'를 인용해 물체의 양 S를 엔트로피라 부르기를 제안한다."[15]

엔트로피는 측정 및 계산이 가능한 양으로[16] 문자 S로 표시하며, 증가하거나 균일한 상태를 유지하기는 하지만 고립된 상황에서 '절대 감소하는 일은 없다'. 감소하지 않는다는 것을 나타내기 위해 다음과 같이 적는다.

$$\Delta S \geq 0$$

읽을 때는 '델타 S는 0과 같거나 그 이상이다.'라고 읽고, '열역학 제2의 법칙'이라고 부른다.(제1법칙은 에너지 보존의 법칙) 열은 뜨거운 물체에서 차가운 물체 쪽으로만 이동하고 그 반대로는 이동하지 않는다는 것이 이 법칙의 내용이다.

공식까지 써서 미안하지만, 이 책에서 나오는 공식은 이것이 전부다. 이 책이 시간에 관한 책이라 시간의 화살 공식을 적지 않을 수 없었다.

이것은 기초 물리학에서 과거와 미래의 차이를 아는 유일한 방정식이다. 시간의 흐름에 대해 설명하는 방정식도 이것뿐이다. 이 비범한 방정식 속에는 하나의 세상이 숨어 있다.

바로, 그 세상을 찾아 나선 사람이 있었다. 어느 시계 제작자의 손자로, 운은 없었지만 매력적이었던 오스트리아인. 비극적이고 로맨틱한 이미지로 알려진 루트비히 볼츠만Ludwig Boltzmann, 1844~1906이다.

희미하게 보기

루트비히 볼츠만은 $\Delta S \geq 0$ 공식 뒤에 숨어 있는 것을 보기 시작했다. 그리고 이 세상에 존재하는 수많은 문법에 공부하기 정말 머리 아픈 내용 한 가지를 더 추가했다.

그는 그라츠Graz에서 일하다가 하이델베르크Heidelberg, 베를린Berlin, 비엔나Vienna 그리고 다시 그라츠로 돌아왔다. 본인의 말로는 참회 화요일•에 태어나서 이리저리 불안정하게 옮겨 다닌 것이라고 한다. 농담조의 말이지만, 실제로 마음이 여리고 조울 증세가 아주 심한 사람이었다. 키는 작지만 다부진 체격에 짙은 곱슬머리, 덥수룩한 탈레반 스타일의 수염을 길렀고, 연인은 그를 "다정하고 사랑스러운 나의 아기 돼지."라고

• Mardi Gras, 사순절이 시작되기 전날.

2-4 루트비히 볼츠만

불렀다. 하지만 루트비히는 시간의 방향성에 관해서는 불운한 영웅이었다.

사디 카르노는 열이 하나의 물질, 하나의 유체라고 생각했다. 이는 잘못된 생각이다. 열은 분자들이 일으키는 미세한 동요다. 뜨거운 차는 분자들이 매우 심하게 동요하는 상태다. 반면 차가운 차는 분자들의 동요가 적은 상태다. 얼음 조각이 조금씩 녹고 있는 상태라면, 물 분자들은 점점 동요하며 분자 간의 연결을 잃어가게 된다.

19세기 말까지도 분자와 원자가 실제로 존재한다는 것을 대부분 믿지 않았다. 그러나 루트비히는 이들의 실체를 확신했고, 이 사실을 세상에 알리기 위해 치열하게 싸웠다. 그가 원자의 존재를 믿지 않는 자들과 벌인 논쟁들은 세기의 사건으로 남아 있다. 수년이 지난 뒤 양자역학계의 젊은 인재들 중 한 명은 "우리 젊은이들은 마음속으로 모두 그를 응원했다."라고 고백하기도 했다.[17] 비엔나에서 개최된 한 회의의 치열한 논쟁에서 어느 유명한 물리학자는[18] 물질의 법칙들이 시간의 방향성에 의존하지 않기에 과학적 유물론은 죽었다며 루트비히를 비판했다. 물리학자들도 말도 안 되는 말을 한다.

코페르니쿠스Copernicus, 1473~1543의 눈은 지는 해를 보고 지구가 돈다는 것을 알아냈다. 볼츠만의 눈은 가만히 있는 물컵을 관찰하다가 원자와 분자가 격렬하게 움직이는 모습을 포착해 냈다.

우리는 우주인이 달에서 지구를 보는 것처럼 컵에 든 물을 본다. 달에서 보는 지구는 하늘색으로 그저 평온하게 빛나고 있다. 지구에서는 식물과 동물, 무수한 생명체들이 요란하게 움직이고 사랑과 절망이 쉴 새 없이 교차하지만, 달에서는 그런 것들이 전혀 보이지 않는다. 지구는 그저 여기저기 얼룩진

파란 공으로 보일 뿐이다. 투명한 컵에 담긴 물속에도 무수한 분자들이, 이 지구에 생존하는 생명체의 수보다 훨씬 더 많은 분자들이 요란하게 움직이고 있다.

이 분자들의 동요는 모든 것을 움직이게 한다. 일부 분자들이 멈춰 있는 상태라도, 다른 분자들의 격렬한 움직임에 의해 요동이 일어나고, 이 분자들의 요동은 확장되면서 서로 충돌하고 밀어낸다. 그래서 차가운 물체가 뜨거운 물체와 접촉하면 가열되는 것이다. 멈춰 있던 차가운 물체의 분자들이 요동치는 뜨거운 물체의 분자들과 부딪히면서 움직이기 시작해 열이 오른다.

열 요동은 카드 한 묶음이 계속 섞이는 것과 같다. 순서대로 정리되어 있던 카드들을 뒤섞으면 무질서해진다. 이렇게 열은 (분자들의) 뒤섞음에 의해 뜨거운 쪽에서 차가운 쪽으로 이동할 뿐 그 반대로는 이동하지 않는다. 자연의 무질서가 증가한다는 것은 엔트로피가 증가한다는 것으로, 언제 어디서나 친숙하게 일어난다.

루트비히 볼츠만은 이것을 알아냈다. 과거와 미래의 차이는 기본적인 운동 법칙이나 심오한 자연의 문법에 있는 것이 아니다. 자연스럽게 무질서해져서 특수하거나 특별한 상황이 점점 사라지는 것에 있다.

대단한 통찰력이다. 정확하게 꿰뚫었다. 그러나 과거와 미래 사이의 차이가 어디서 발생하는지, 그 근원까지 밝혀냈을까? 아쉽게도 그것까지는 하지 못했다. 그런 상태에서 질문의 방향만 바뀌었다. 그의 의문은 시간의 두 방향 중, 왜 우리가 과거라고 부르는 한쪽에서만 사물이 정리된 상태에 있었는가였다. 우주라는 거대한 카드 뭉치는 어째서 과거에는 정리되어 있었을까? 과거에는 왜 엔트로피가 낮았을까?

엔트로피가 낮은 상태에서 '시작'하는 현상을 관찰해보면, 엔트로피가 증가하는 이유가 분자들이 요동치면서 전체적으로 무질서해지기 때문이라는 것을 분명하게 알 수 있다. 그렇다면 이 우주에서 우리 주위에 관찰되는 현상들은 왜 엔트로피가 낮은 상태에서 '시작'하는 걸까?

이제 핵심적인 내용을 다룰 때가 되었다. 한 묶음의 카드 중 윗부분의 26장은 모두 붉은색이고 아랫부분의 26장은 모두 검은색이라면, 우리는 이 카드들이 '특별'하게 구성되어 있다고 할 수 있다. '질서' 있는 상태인 것이다. 이 질서는 카드 전체를 섞으면 사라진다. 이 질서 정연한 상태는 '엔트로피가 낮은' 구성이다. 이 구성은 붉은색과 검은색, 이 두 가지 카드 '색상'을 기준으로 하면 특별하다. 우리 눈에 색이 두드러지게 보이므로 특별하다.

그리고 윗부분의 카드 26장이 하트와 스페이드만 있으면 이 또한 특별하다. 짝이 맞지 않거나 심각하게 훼손되기도 한 이 26장의 카드들이 사흘 전에는…… 다른 특성을 지니고 있었을 것이다. 잘 생각해보면, '어떤 구성이든 특별'하기는 하다. 어떤 구성이든 상세한 부분까지 모두 관찰해보면, 독자적인 방식으로 특성을 부여할 수 있기 때문에 모두 특별하다고 볼 수 있다. 세상 모든 엄마들에게 자신의 아이는 유일하고 특별한 존재인 것처럼.

어떤 구성이 다른 구성에 비해 좀 더 특별하다는 개념은(예를 들면 검은 카드 26장 뒤에 놓인 붉은 카드 26장) 카드들의 어떤 측면만 봤을 때(예를 들면 색상만 보는 것) 의미가 있다. 모든 카드를 다 구별하면 구성은 전부 동등해진다. 어느 것이 더 특별하다거나, 어느 것은 덜 특별하지 않다.[19] '특수성'의 개념은 세상을 대략적으로, 희미하게 바라볼 때만 만들어진다.

볼츠만은 '엔트로피가 존재하는 이유는 우리가 세상을 희미하게 설명하기 때문'이라고 주장했다. 그리고 엔트로피는 우리가 희미한 시각으로 구별하지 못하는 다양한 구성들이 '얼마나' 되는지를 산출하는 양이라는 점을 정확히 증명했다. 열과 엔트로피, 과거의 낮은 엔트로피 등은 자연을 대략 통계적으로 설명하는 개념이라 할 수 있다.

과거와 미래의 차이는 이 희미함과 깊이 연결돼 있다. 그런데 만일 우리가 이 세상의 정확한, 미시적인 상태에 대한 모든 상세한 내용을 고려할 수 있다면, 시간의 흐름에 관한 특징적인 부분들이 사라질까?

그렇다. 사물의 미시적인 상태를 관찰하면, 과거와 미래의 차이가 사라진다. 예를 들어 이 세상의 미래는 현재의 상태에 따라, 즉 과거의 상태에서 더하지도 덜하지도 않은 현재에 의해 결정된다.[20] 우리는 원인이 결과보다 앞선다는 말을 자주 하지만, 사물의 기본 문법에서는 '원인'과 '결과'의 구분이 없다.[21] 대신 서로 다른 시간에서의 사건들을 연결하는, 물리 법칙들에 의해 표현되는 규칙성이 있는데, 여기서 미래와 과거는 서로 대칭적이다.◆

미시적인 관점에서 보면 과거와 미래의 구분은 무의미하다.

볼츠만의 연구에서 나온 결론은 당혹스럽다. 결국 과거와 미래의 차이는 세상을 보는 우리 자신의 희미한 시각 때문에

◆ 뜨거운 찻잔에 담긴 차가운 스푼에서 일어나는 현상이 내가 흐릿하게 보는가 아닌가에 의존한다는 것이 요점이 아니다. 스푼과 스푼의 분자들에서 일어나는 현상은 사실상 우리가 보는 시각에 따라 달라지지 않는다. 그것에 상관없이 그냥 일어난다. 열, 온도, 차에서 스푼으로의 열의 이동에 의거한 설명 자체가 현상을 흐릿하게 보는 것이라는 점이 핵심이다. 그리고 이렇게 현상을 흐릿하게 보는 경우에서만 과거와 미래의 놀라운 차이가 나타난다는 점이 중요하다.

발생한다는 것이기 때문이다. 충격적인 결론이다. 그렇다면 '시간의 흐름'에 대한 나의 느낌이 이렇게 생생하고 명확하고 실존적인데, 내가 이 세상을 상세하게 파악하지 못하면 시간의 흐름이 달라질 수 있다는 것인가? 나의 근시안 때문에 오류 같은 것이 생긴다는 말인가? 내가 정말 수십억 분자들이 어떻게 춤을 추는지 정확하게 관찰하고 이것을 염두에 둔다면, 미래가 과거와 '똑같이' 펼쳐지는 것인가? 과거의 지식(혹은 무지함)을 미래의 지식과 똑같이 소유할 수 있을까? 세상에 대한 우리의 직관이 틀릴 때가 많다는 점은 인정한다. 하지만 세상이 우리의 직관과 그토록 크게 다를 수 있을까?

이 모든 것이 우리가 시간을 이해하는 일반적인 방식을 약화시킨다. 지구가 움직인다는 이야기를 들었을 때처럼 불신이 싹튼다. 그러나 지구운동의 경우와 마찬가지로 시간에 대한 이 이론에도 압도적인 증거가 있다. 시간의 흐름을 특징짓는 모든 현상은 이 세상의 과거에서 '특정한' 상태로 환원되며, 그 '특정성'은 우리의 희미한 시각에서 기인한다는 점이다.

좀 더 나중에 이 무초점의 신비 속을 더 들여다보고 우주가 시작된 이상한 비개연성과 어떤 관계가 있는지 살펴볼 것이다. 여기서는 엔트로피가(볼츠만이 알아낸 엔트로피) 세상에 대한 우리의 희미한 시각이 식별하지 못한 미시적인 상태들의

2-5 **비엔나에 있는 볼츠만의 묘지. 대리석 흉상 위쪽에 방정식이 새겨져 있다.**

수일 뿐이라는 놀라운 사실을 언급하는 데에서 마무리하려 한다.

이 부분을 정확히 설명하는 방정식이[22] 비엔나에 있는 볼츠만의 묘지 대리석 흉상 위쪽에 새겨져 있다. 볼츠만의 조각상은 표정이 엄하고 음울해서 실존하지 않았던 사람 같은 인상을 준다. 적잖은 젊은 물리학도들이 이 묘지에 찾아와 볼츠만의 흉상 앞에 서서 생각에 잠긴다. 물론 이따금씩 나이 지긋한 교수들도 다녀간다.

시간은 또 다른 중요한 부분을 잃었다. 바로 과거와 미래 사이의 본질적인 차이다. 볼츠만은 시간의 흐름에는 본질적인 어떤 것도 없으며, 과거의 어느 한 시점에서 우주의 불가사의 한 불가능성이 희미하게 반영된 것일 뿐이라고 생각했다.

이것이 릴케의 〈비가〉에 나오는 영원한 흐름의 원천이다.

루트비히 볼츠만은 스물여섯의 젊은 나이에 대학 교수가 되어 최고 전성기에는 궁정에서 황제까지 영접했으나, 학계 대부분이 그의 아이디어를 이해하지 못해 혹독한 비판을 받았다. 그로 인해 조울증이 위태로울 정도로 심각했던 '다정하고 사랑스러운 아기 돼지' 루트비히 볼츠만은 스스로 목을 매달아 생을 마감했다.

그가 이탈리아 트리에스테Trieste 부근의 두이노Duino에서 세상과 이별을 고하는 동안, 그의 아내와 딸은 아드리아해에서 해수욕을 하고 있었다.

몇 년 후 릴케는 이곳 두이노에서 〈비가〉를 쓴다.

03

현재의 끝

이 달콤한 봄바람에 부동의 계절에 갇혔던 서리가 풀리고
배들이 바다로 돌아가니……
이제 우리도 화관을 엮어 머리를 장식해야 한다.
1권 4편

속도도 시간을 늦춘다

아인슈타인은 시간이 질량에 의해 늦춰진다는 것을 깨닫기 10년 전에,[23] 시간이 속도 때문에 늦춰진다는 것을 알았다.[24] 이 발견은 시간에 대한 우리의 직관과는 비교도 되지 않는, 그 무엇과도 비교할 수 없는 파괴적인 것이었다.

1장에서 만난 두 친구를 다시 불러보자. 대신 이번엔 산과 평지로 가지 말고 한 명은 제자리에 멈춰 있고, 다른 한 명은 앞뒤로 왔다 갔다 하면서 걸어 다니라고 해야 한다. 이때는 걸

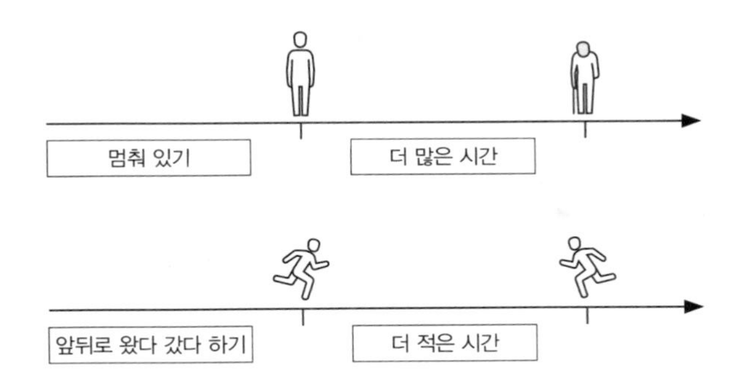

3-1 **움직이는 물체는 정지해 있는 물체보다 더 짧은 시간을 경험한다.**

어 다닌 친구의 시간이 더 천천히 흐른다.

1장에서처럼 두 친구는 서로 다른 길이의 시간을 산다. 움직이는 친구는 멈춰 선 친구에 비해 덜 늙고, 생각할 시간도 적고, 그가 보는 시계의 시간은 느리게 흐르며, 그가 기르는 식물은 싹을 틔우는 데 더 오랜 시간이 걸린다. 많이 움직이면 많이 움직일수록 시간은 더 천천히 흐른다.

하지만 이 움직임의 영향은 아주 미약하다. 그렇기 때문에 눈에 보일 정도의 결과를 확인하려면 움직임이 매우 빨라야 한다. 1970년대에 제트기에 초정밀 시계를 가지고 탑승해 처음으로 이러한 시간의 흐름을 측정한 바 있다.[25] 실험 결과, 비행 중인 시계는 지상에 있는 다른 시계에 비해 시간이 다소 뒤처져 있었다. 요즘은 다양한 물리학 실험을 통해 속도로 말미암은 시간 지연 현상을 직접 관찰할 수 있다.

이 경우에도 아인슈타인은 두 눈으로 '직접 확인하기 전'에 시간이 지연될 수 있다는 것을 깨달았다. 그는 스물다섯 살에 전자기학을 연구하면서 이 사실을 알게 되었는데, 아주 복잡한 추론을 한 것도 아니었다.

전기와 자기에 관해서는 맥스웰의 방정식으로 충분히 설명할 수 있었다. 맥스웰 방정식에는 일반적인 시간 변수인 t가 포함되지만, 의문이 생기는 부분이 있다. 예를 들어 당신이 일정한 속도로 여행을 하면, 당신의 입장에서 맥스웰의 방정식은 맞지 않아(우리가 측정하는 시간을 설명하지 못한다.) '시간'을 다른 변수 t′로 불러야 한다.[26] 맥스웰 방정식에 대한 이 의문은 수학자들도 알고 있었으나,[27] 그 누구도 제대로 된 설명을 할 수 없었다. 그러나 아인슈타인은 알았다. t는 멈춰 있는 나에게 흐르는 시간, 나와 함께 멈춰 있는 현상들에 적용되는 리듬이다. 한편 t′는 '당신의 시간', 즉 당신과 함께 움직이는 현상들에게 적용되는 리듬이다. t는 멈춰 있는 내 시계가 측정하는 시간이고 t′는 움직이는 당신의 시계가 측정하는 시간인 것이다. 그 누구도 제자리에 멈춰 있는 시계와 움직이는 시계의 시간이 다를 수 있다고는 생각하지 못했다. 아인슈타인은 전자기 방정식 속에서 이 차이를 감지하고 진지하게 고민했다.[28]

움직이는 물체는 정지해 있는 물체보다 더 짧은 기간을 경험한다. 시계의 초침이 덜 이동하고 식물이 덜 자라며, 아이들은 꿈도 덜 꾼다. 움직이는 물체에서[29] 시간은 줄어든다. 여러 장소에서의 시간도 하나로 공통적이지 않지만, 한 장소에서의 시간도 하나만 존재하는 것이 아니다. 기간은 정해진 궤적을 지나는 어떤 사물의 움직임과만 관련이 있을 수 있다.

'고유 시간'은 당신이 어디 있는지에 따라, 인접해 있는 물질의 질량이 많고 적은지에 따라 달라질 뿐 아니라, 이동하는 속도에도 영향을 받을 수 있다.

이는 그 자체로 매우 이상하다. 하지만 실제로 경험해보면 정말 놀랍다. 그럼 여러분도 비행을 시작해보자. 꽉 잡으시라.

'지금'은 아무 의미가 없다

'지금' 저 먼 곳에서는 무슨 일이 벌어지고 있을까? 예를 들어 여동생이 얼마 전에 발견한 행성 프록시마b Proxima b에 갔다고 상상해보자. 이 행성은 지구에서 약 4광년 떨어져 있고, 어느 별의 주위를 돌고 있다. 그렇다면 지금 여동생은 프록시마b에서 무엇을 하고 있을까?

이 질문에는 답할 수가 없다. 질문 자체가 잘못되었기 때문이다. 이것은 마치 이탈리아의 베니스에 있으면서 "이곳 북경에는 뭐가 있나요?"라고 묻는 것과 같다. '이곳'이라고 질문하면, 북경이 아닌 지금 위치해 있는 장소인 베니스를 기준으로 해야 하기 때문에 질문 자체가 틀렸다.

여동생이 '지금' 무엇을 하느냐는 질문에 대한 대답은 어렵지 않다. 그냥 여동생이 무엇을 하는지 보면 된다. 여동생이 멀리 있다면 전화를 걸어 물어보면 된다. 하지만 이때도 주의해야 할 점이 있다. 여동생을 볼 때, 여동생으로부터 내 눈까지 빛이 이동한다. 이 빛이 이동하는 데 약간의 시간이 필요하다. 몇 나노세컨드nanosecond(10억 분의 1초) 정도 걸린다고 가정해보자. 그러면 나는 여동생이 '지금' 무엇을 하고 있는지 보는 것이 아니라, 몇 나노세컨드 전에 하던 일을 보는 것이다. 만약 여동생이 뉴욕에 있어서 전화를 하는 경우라면, 여동생의 목소리는 뉴욕에서 내게 전달될 때까지 몇 밀리세컨드(1000분의 1초) 정도 필요하므로 내가 알 수 있는 최대한은 여동생이 몇 밀리세컨드 전에 한 행동이다. 물론 그렇게 대단한 차이가 있는 것은 아니다.

하지만 여동생이 프록시마b에 있다면, 빛이 여기까지 오는 데 4년이 걸린다. 그러니까 내가 망원경으로 보거나 여동생이 보내는 무선통신을 받는다면, 내가 아는 건 여동생이 4년 전에 하던 일이지 지금 하는 일이 아니다. 물론 내가 망원경으로 보는 모습이나 통신기기에서 나오는 여동생의 목소리도 '프록시마b의 지금'이 아니다.

그렇다면 '지금' 여동생이 하는 행동은 내가 여동생을 망원경으로 보고 난 4년 후에 그녀가 하고 있을 행동이라고 할 수 있을까? 아니, 그렇지 않다. 내가 여동생을 본 지 4년 후는 그녀의 시간에선 지구의 10년 후(이는 실제로 가능하다!)가 될 수 있고 그녀는 이미 지구에 돌아와 있을 수도 있다. 그러나 '지금'은 미래에 있을 수 없다. 혹은, 여동생이 10년 전에 프록시마b로 출발하면서 시간을 헤아리려고 달력을 가져갔다면, 여동생에게 '지금'은 달력에 기록된 10년 후라고 생각할 수 있을까? 아니다, 이 논리도 적용이 안 된다. 여동생의 입장에서 출발한 지 10년이 흐르는 동안 지구에서는 20년이 지났을 수 있고, 여동생은 이미 지구에 돌아왔을 수 있다. 그러면 '프록시마b의 지금'은 대체 언제일까?

현재로서 그 '지금'을 따지기는 불가능하다.[30] 프록시마b에는 여기서 현재와 지금이라 여기는 것에 대응되는 특별한 순간이 없다.

친애하는 독자 여러분, 잠깐 쉬면서 이런 결론이 여러분에게 이해될 수 있도록 해보자. 내 생각에는 현대 물리학에서 가장 당황스러운 결론이 아닐까 한다.

프록시마b에서 여동생의 삶 중 어떤 순간이 '지금'에 해당하는지를 묻는 것은 의미가 없다. 이것은 어떤 축구팀이 농구 챔피언 대회에서 우승했는지, 혹은 제비가 돈을 얼마나 벌었는지, 혹은 음표 하나의 무게는 얼마인지를 묻는 것과 같다. 축구팀은 농구가 아닌 축구를 하고, 제비는 돈벌이를 하지 않으며, 소리는 무게가 없으므로 모두 잘못된 질문이다. 농구 챔피언 대회는 농구팀을 대상으로 해야지 축구팀을 대상으로 하면 안 된다. 돈 버는 일은 사회 속의 인간을 대상으로 해야지 제비를 대상으로 하면 안 된다. 마찬가지로 '현재'의 개념은 우리에게 가까이 있는 것을 대상으로 해야지, 멀리 있는 무언가를 대상으로 하면 안 된다.

우리의 '현재'는 우주 전체에 적용되지 않는다. 현재는 우리와 가까이에 있는 거품이라고 생각하면 된다.

그렇다면 이 거품의 적용 범위는 얼마나 될까? 이는 우리가 시간을 얼마나 정확하게 규정하느냐에 따라 달라진다. 예를 들어 나노세컨드 단위를 사용한다면 현재는 몇 미터 간격으로만 정의될 것이고, 밀리세컨드를 사용한다면 킬로미터 간격으로 정의될 것이다. 인간은 고작해야 10분의 1초 정도를 간신히 구분할 수 있으므로 지구라는 행성 전체를 하나의 거품에 비유하고, 그 속에서의 현재는 우리 모두가 공유하는 순간이라고 말할 수 있다. 이것이 우리가 적용할 수 있는 가장 먼 거리의 범위다.

그곳엔 과거(우리가 볼 수 있는 사건 이전에 일어난 일들)가 있다. 그리고 미래(지금 여기서 볼 수 있는 순간 이후에 일어나게 될 일들)도 있다. 과거와 미래 사이에는 과거도, 미래도 아닌 시간의 간격이 존재한다. 이 간격은 화성은 15분, 프록시마b는 8년, 안드로메다 은하는 수백만 년에 이른다. 이 간격은 현재의 확장이다.[31] 아마 아인슈타인이 발견한 것들 중 가장 거대하고 이상한 발견이 바로 이것일 것이다.

우주 곳곳에 잘 정의된 '지금'이 존재한다는 생각은 환상이자 우리 경험의 부적절한 외삽外揷이다.[32] 비유하자면 무지개가 닿은 숲의 한 지점처럼, 직접 볼 수 있을 것 같지만 막상 보러 가면 없는 것이다.

행성 사이의 우주 공간에서 이런 질문을 한다고 해보자. 두 개의 돌이 이 공간 속에서 '같은 높이'에 있는가? 이 질문의 타당한 답은 '우주에는 **같은 높이**라는 통합된 개념이 없기 때문에 잘못된 질문'이라는 것이다. 혹은 이런 질문을 한다고 생각해보자. 지구에서의 사건과 프록시마b에서의 사건, 두 사건이 '같은 순간'에 발생했는가? 이 질문에 대한 타당한 답도 '우주에는 **같은 순간**이라고 규정된 시간이 없기 때문에 잘못된 질문'이다.

'우주의 현재'는 아무 의미가 없다.

현재가 없는 시간 구조

고르고 왕비•는 페르시아에서 어느 그리스인이 보낸 밀랍 목판을 받았는데, 목판의 밀랍을 벗겨 그 '아래'에 숨겨진 비밀 메시지를 알아내 그리스를 구했다. 이 메시지는 페르시아가 그리스를 공격하려 한다는 것을 알리는 전언이었다. 고르고는 스파르타의 왕 레오니다스와의 사이에서 아들 플레이스타르쿠스Pleistarchus, ?~BC 458를 낳았다. 레오니다스는 고르고의 아버지 클레오메네스Cleomenes, BC 520~BC 489의 형제, 즉 삼촌이었다. 그렇다면 레오니다스와 '같은 세대'에 속하는 사람은 누구일까? 레오니다스의 아들의 어머니인 고르고일까, 이복형제인 클레오메네스일까? 나처럼 친적 관계를 잘 모르는 사람을 위해 간단한 가계도를 추가한다.

세대를 기준으로 한 시간 구조와 상대성이론에서 따져본

• Gorgo, BC 518~BC 508 추정, 고대 스파르타의 왕비로 레오니다스 1세의 아내.

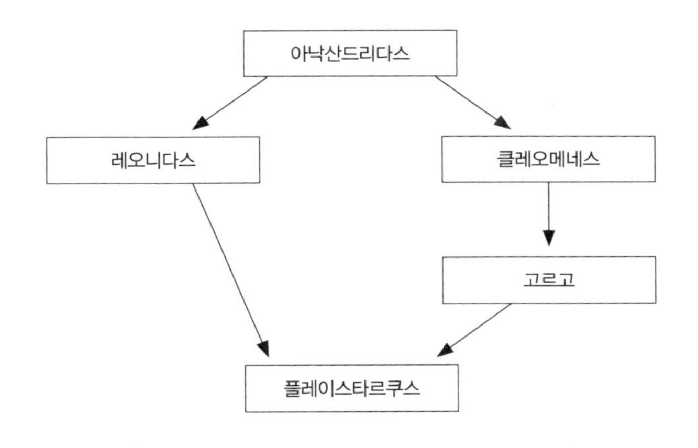

3–2 **레오니다스와 '같은 세대'에 속하는 사람은 누구일까?**

이 세상의 시간 구조에는 비슷한 점이 있다. 클레오메네스와 고르고 중에서 레오니다스와 '같은 세대'인 사람이 누구인지 묻는 질문이 잘못되었다는 것이다. 왜냐면 이 경우에도 '같은 세대'에 대한 통합된 개념이[33] 존재하지 않기 때문이다. 만약 레오니다스와 그의 형제가 아버지가 같으니 '같은 세대'라고 하거나, 레오니다스와 그의 아내가 같은 아들을 두고 있으니 '같은 세대'라고 한다면, 고르고와 그녀의 아버지 클레오메네스도 '같은 세대'라고 봐야 한다! 자손 관계가 인간들(레오니다스, 고르고, 클레오메네스는 모두 아낙산드리다스 이후에, 플레이스타르쿠스 이전에 태어났다.)의 서열을 정하기는 하지만, 모든 인간관계에 적용되는 것은 아니다. 레오니다스와 고르고, 두 사람 모두 손위도, 손아래도 아니다.

수학자들은 이처럼 친자 관계로 설정된 순서를 '부분 순서partial order'라고 부른다. 부분 순서는 몇 가지 요소들 간의 선先후後 관계는 정할 수 있지만, 모든 서열을 정리할 수는 없다. 인간은 친자 관계를 통해 '부분 순서를 지닌'('완벽한 순서'가 아니다.) 집합을 형성한다. 친자 관계가 서열을 설정하기는 하지만(자손 '이전'의 세대, 선조 '이후'의 세대), 이를 모든 관계에 적용할 수는 없다. 이 순서가 어떻게 만들어졌는지 궁금하면 가계도를 보면 되는데, 고르고의 가계도는 그림 3-3과 같다.

고르고의 조상들이 포함되어 있는 '과거' 원뿔 하나와 후손들이 포함되어 있는 '미래' 원뿔이 있다. 이 두 원뿔 밖으로는 조상도 후손도 아닌 사람들이 있다.

모든 인간은 이러한 선조 과거 원뿔과 후손 미래 원뿔을 갖고 있다. 고르고의 원뿔 옆에 레오니다스의 원뿔도 그려놓았다.(그림 3-4)

이는 우주의 시간 구조와 아주 흡사하다. 우주의 시간 구조 역시 원뿔형으로 이루어져 있다. '시간적인 선행' 관계도 원뿔

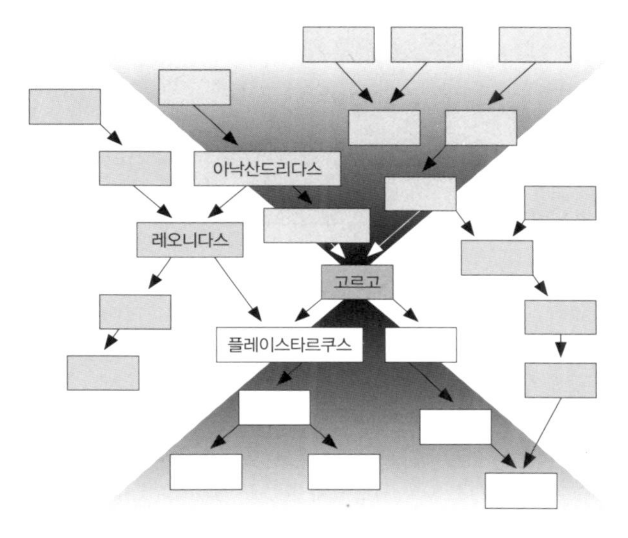

3-3 고르고의 가계도 원뿔

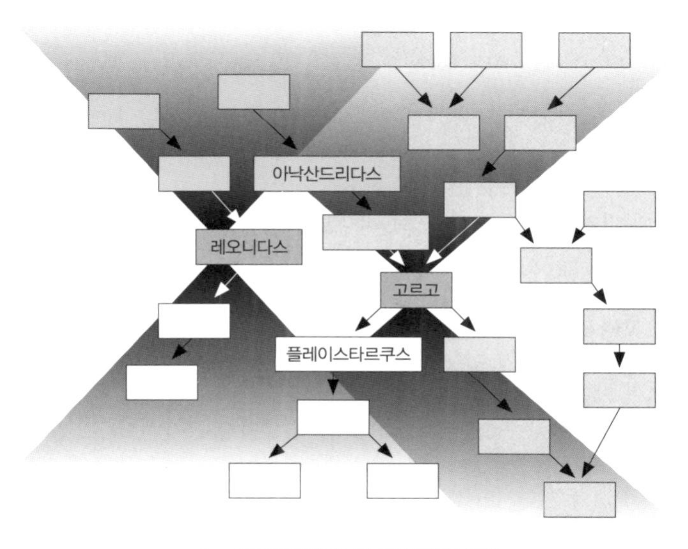

3-4 고르고와 레오니다스의 가계도 원뿔

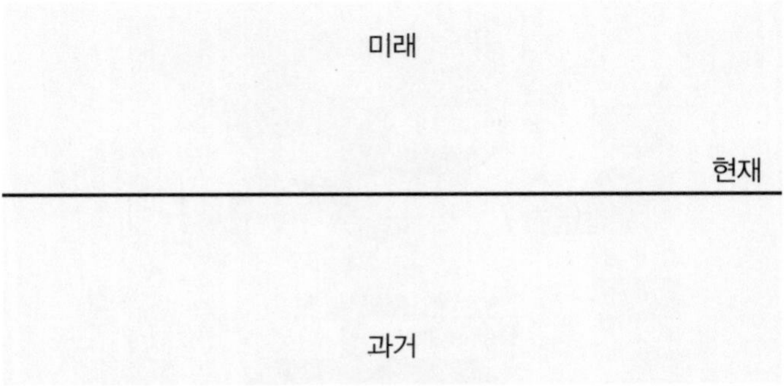

미래

현재

과거

3–5 **우주의 과거–현재–미래를 구분하는 단 하나의 보편적 기준은 없다.**

형으로 이루어진 부분의 순서 관계를 형성하고 있다.[34] '완전'하지 않고 '부분'적인 우주의 사건들 간의 순서를 정의하는 특수상대성이론이 우주의 시간 구조가 친척 관계와 같다는 점을 발견한 것이다. 인간 사회에 자손도 선조도 아닌 사람들이 존재하는 것처럼, 확장된 현재는 과거도 미래도 아닌 사건들 전체를 뜻한다.

우리가 우주의 모든 사건과 그 사건들의 시간 관계를 표현하고 싶어도 그림 3–5와 같이 과거와 현재, 미래를 구분하는 단 하나의 보편적 기준으로는 불가능하다.

대신 그림 3–6처럼 모든 사건의 위와 아래에 미래와 과거 사건의 원뿔을 놓고 표현해야 한다.(물리학자들은–이유는 모르

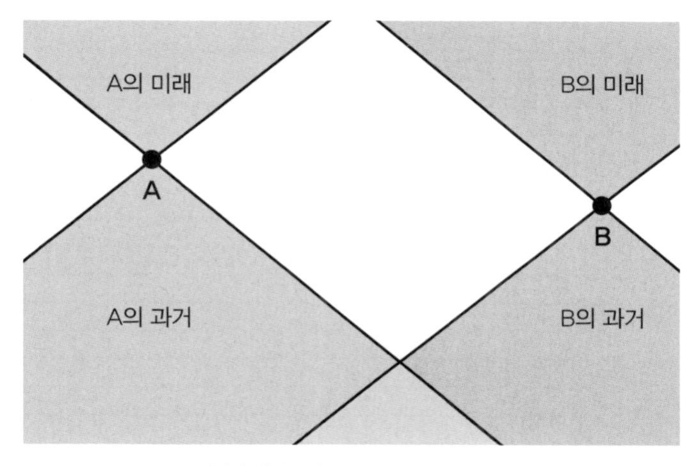

3-6 모든 사건의 위와 아래에 미래와 과거 사건의 원뿔이 있다.

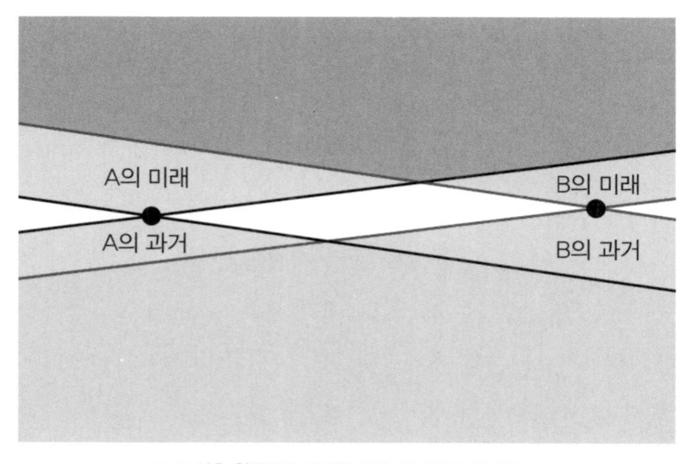

3-7 빛은 원뿔들의 경계를 따라 사선으로 이동한다.

시간 n

⋮

시간 3
시간 2
시간 1

3-8 시공간의 시간 구조는 시간의 층으로 이루어지지 않는다.

겠지만 – 미래를 위에, 과거를 아래에 그리고, 가계도는 그 반대로 그리는 습성이 있다.) 모든 사건에는 과거와 미래 그리고 과거도 미래도 아닌 우주의 일부가 있고, 마찬가지로 인간에게도 선조와 후손 그리고 선조도 후손도 아닌 기타의 사람들이 있다.

빛은 이 원뿔들의 경계를 정하는 사선을 따라 이동한다. 그래서 원뿔들을 '광원뿔light cone'이라 부른다. 45도의 사선들을 그리면 되는데, 그림 3-7과 같이 아주 수평에 가깝게 그리는 것이 더 현실적일 것이다.

왜냐면 우리에게 익숙한 규모의 시간 단위에서는, 과거를

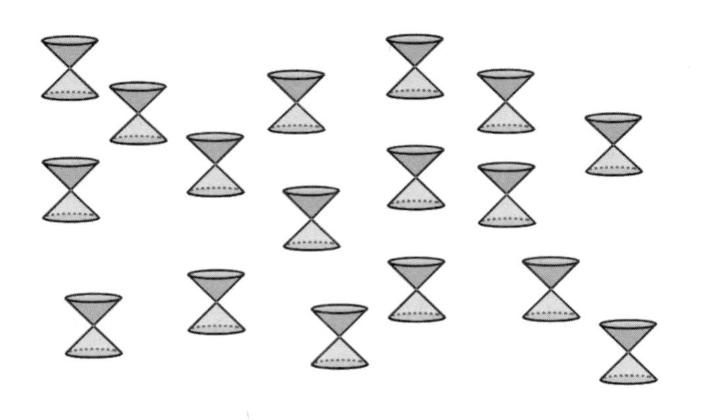

3-9 아인슈타인이 25세의 나이에 깨달은 시공간의 구조

미래와 구분하는 확장된 현재가 매우 짧아(나노세컨드) 거의 인식할 수 없기 때문에 얇은 수평 띠 모양으로 뭉개진다. 이것이 별도의 특징을 부여하지 않은 흔히 '현재'라고 부르는 시간이다.

즉, 공통적인 현재는 존재하지 않는다. 그리고 시공간의 시간 구조는 그림 3-8과 같은 시간의 층으로 이루어지지 않는다. 오히려 이것은 모든 광원뿔로 이루어져 있다.(그림 3-9)

이것이 아인슈타인이 25세의 나이에 깨달은 시공간의 구조다. 10년 뒤, 아인슈타인은 시간이 흐르는 속도가 장소에 따라

3–10 시공간의 구조는 흐트러진 상태일 수 있다.

3–11 미래 쪽으로 갈수록 시공간의 동일한 지점으로 돌아온다.

다르다는 것을 알게 된다. 그래서 시공간의 구조는 사실상 그림 3-9처럼 정리된 상태가 아니라 흐트러질 수 있고 또는 그림 3-10처럼 혼란스러울 수 있는 것이다.

예를 들어 중력파가 지나갈 때 작은 광원뿔들이 다 같이 좌우로 흔들린다. 비유하면 바람이 불 때 곡식의 이삭이 흔들리는 것과 같다. 원뿔들의 구조는 미래 쪽으로 가면 갈수록 시공간의 동일한 지점으로 돌아올 수 있다.(그림 3-11)

이런 식으로 미래 쪽으로 계속 이동하면 그 궤적은 시작될 당시의 사건으로 돌아온다.◆ 이것을 처음으로 알아차린 사람은 20세기의 위대한 이론가이자 아인슈타인의 마지막 친구인 쿠르트 괴델Kurt Gödel, 1906~1978이었다.(두 사람은 말년에 프린스턴의 오솔길을 산책하곤 했다.)

블랙홀 근처에서는 광원뿔들이 그림 3-12처럼 블랙홀 쪽으로 기울어진다.[36] 왜냐면 블랙홀 표면('지평선'이라 부른다.)에 오면 시간이 아예 멈출 정도로 블랙홀의 질량이 시간을 지연시키기 때문이다. 그림을 잘 살펴보면, 블랙홀 표면이 원뿔들

◆ 미래가 과거로 돌아가는 '닫힌 시간선closed temporal lines'은 아들이 자신이 태어나기도 전에 어머니를 죽일 수 있다고 생각하는 사람들을 당혹스럽게 할 것이다. 그러나 닫힌 시간선의 존재, 혹은 과거로의 여행에는 논리적인 모순이 전혀 없다. 자유로운 미래에 대한 혼란스러운 상상으로 사물을 복잡하게 만드는 것은 우리 자신이다.[35]

3-12 광원뿔들이 블랙홀 쪽으로 기울어진다.

의 가장자리 부분과 수평을 이루고 있다. 따라서 블랙홀에서 벗어나려면 미래가 아니라 현재 방향으로 그림(3-13에서 붉은 화살표 방향) 이동해야 하는 것이다!

하지만 이러한 이동은 불가능하다. 물체는 그림의 검은 화살표 같이 미래 방향으로만 움직일 수 있기 때문이다. 지평선을 표시하고 그 안쪽으로 광원뿔을 기울게 하여, 주위의 모든 것을 미래 속의 공간 영역에 가두는 것, 이것이 블랙홀이다. 현재와 관련한 이런 구조가 블랙홀을 만든다. 우리가 '우주의 현재'는 존재하지 않는다는 것을 알게 된 지는 백 년이 넘었

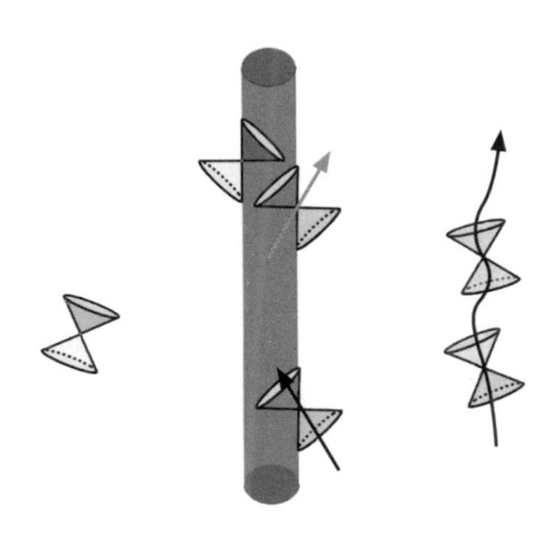

3–13 **물체는 미래 방향으로만 움직일 수 있다.**

다. 그런데 아직도 이 문제는 혼란스럽고 상상하기도 어려워 보인다. 어떤 물리학자는 가끔 반기를 들고 사실이 아니라고 주장하려고도 한다.[37] 철학자들은 현재의 실종에 대해 계속 토론 중이고, 최근에는 이 내용을 주제로 한 학술회도 아주 많이 열리고 있다.

현재가 아무 의미 없다면 우주에는 무엇이 '존재'할까? '존재'하는 것이 '현재 속에' 있는 것 아닌가? 우주가 어떤 특별한 구성으로 '지금' 존재하며 시간의 흐름에 따라 변화한다는 생각은 이제 더는 타당하지 않다.

04

독립성의 상실

지상의 열매를 먹고 사는 우리 모두
그 파도를 타고 항해할 것이다.
2권 14편

아무 일도 일어나지 않으면 어떤 일이 생길까?

강력한 환각제인 LSD를 몇 마이크로그램만 흡입해도 우리는 거의 서사적인, 혹은 마법처럼 과장된 시간을 경험할 수 있다.[38] 〈이상한 나라의 앨리스〉에서 앨리스가 "어느 정도의 시간이 영원이지?"라고 물으니, "어떤 때는 1초만으로도 영원일 수 있어." 하고 하얀 토끼가 대답한다. 잠깐이지만 모든 것이 영원히 얼어붙는 것 같은 꿈이 있다.[39]

우리의 개인적인 경험에서도 시간은 탄력적이다. 몇 시간이 몇 분처럼 날아가기도 하고 몇 분이 수백 년처럼 느리게 흘러 답답할 때도 있다. 시간은 종교적 의식에 의해 구성되기도 한다. 사순절 다음에 부활절이 오고, 부활절 다음에는 성탄절이 온다. 라마단Ramadan(이슬람력에서의 9월)은 힐랄Hilal(초승달)과 함께 시작되어 이드 알피트르Id al-Fitr(이슬람 2대 축제 중 하나)로 끝난다. 또 어떤 때는 신비로운 경험을 통해, 예를 들어 성체(살아 있는 제물)를 바치는 신성한 순간처럼 시간을 초월한 종교적 믿음으로 영원과 접촉하기도 한다. 아인슈타인이 사실이 아니라고 말하기 전에, 악마가 우리 머릿속에 들어와 시간은 어느 곳에서든 같은 속도로 흘러야 한다고 속삭이기라도 한 것일까? 물론 우리는 직접 '경험'을 통해 시간이 언제 어디서나 동일하게 흐른다는 생각을 얻은 것도 아니다. 그렇다면 우리는 어디서 이런 생각을 얻게 되었을까?

인간은 수 세기 전에 시간을 하루 단위로 '나누었다'. '시간'이라는 말은 인도유럽어로 '나누다'라는 뜻의 di나 dai에 뿌리를 두고 있다. 또한 인간은 수 세기 전에 하루를 시간 단위로 나누었다.[40] 지난 세기 동안 시간은 대부분 여름에는 더 길고, 겨울에는 더 짧았다. 《마태오의 복음서》 중 포도밭 소작인의 이야기를 보면 계절에 상관없이 하루 중 12시간이 새벽에서 석양까지의 시간이었기 때문이다.[41] 지금도 겨울보다 여름에 동이 틀 때부터 석양까지 더 많은 시간이 흐르며 여름에는 시간이 더 길고 겨울에는 더 짧다.

고대 세계에서도 해시계나 모래시계, 물시계는 지중해 주변과 중국에 있었지만, 지금처럼 일상생활을 계획할 때 사용할 수 있을 정도는 아니었다. 13세기가 되어서야 유럽에서 사람들의 일상이 기계식 시계를 통해 조율되기 시작했다. 도시와 시골에서는 교회를 짓고 그 옆에 종탑을 세웠다. 바로 이 종탑에 자리 잡은 시계가 공동체 생활에 리듬을 부여했다. 시계로 조절되는 시간의 시대가 시작된 것이다.

이때부터 시간은 서서히 천사들의 손에서 수학자들의 손으로 옮겨간다. 스트라스부르Strasbourg 대성당에서 이러한 변화를 잘 볼 수 있다. 몇 세기 간격으로 세운 두 개의 해시계 중 하나는 천사(1200년대의 해시계)가, 다른 하나는 수학자(1400년대 후반의 해시계)가 잡고 있다.(사진 4-1)

시계의 유용함은 모두에게 같은 시간을 표시해준다는 것이다. 어느 곳이든 시간이 같아야 한다는 생각은 오래된 개념인 것 같지만, 실은 거의 현대에 들어와 발생한 것이다. 말을 타거나 걷거나 마차만 이용했던 수 세기 동안은 이 지역과 저 지역의 시계를 똑같이 맞추지 않았다. 가장 큰 이유를 꼽자면, 그 시절에는 태양이 하늘에 가장 높이 떠올랐을 때를 정오라

4-1 스트라스부르 대성당의 1200년대 해시계(왼쪽)과 1400년대 해시계(오른쪽)

고 규정했기 때문이다. 도시든 시골이든 태양이 정오를 가리키는 순간을 확인할 수 있는 해시계가 있었고, 이 해시계를 기준으로 누구나 볼 수 있는 종탑의 시계를 맞췄다. 태양은 동쪽에서 서쪽으로 이동한다. 이탈리아를 예로 든다면, 남동부의 레체Lecce와 북동부의 베니스Venezia, 중북부의 피렌체Firenze, 북부의 토리노Torino는 정오를 맞는 시간이 제각각이다. 가장 먼저 정오가 되는 곳은 베니스이고, 꽤 오랜 시간이 지나야 토리노 중천에 태양이 뜬다. 꽤 여러 세기 동안 베니스의 시계들이 토리노보다 족히 30분은 빨랐다. 모든 나라에는 자국의 '지금'

이 있다. 파리 역에는 여행객들을 위해 시내의 다른 시계들보다 조금 늦게 맞춘 시계가 걸려 있다.[42]

19세기에 전신이 상륙하고 기차가 일반화되고 그 속도도 빨라지면서, 이 도시에서 저 도시로 이동할 때 시계를 잘 맞추는 일이 중요한 문제가 되었다. 모든 역의 시간이 제각각이면 열차 시간표를 구성하기가 불편했기 때문이다. 이런 불편을 해소하기 위해 미국에서 시간을 표준화할 방법을 모색하기 시작했다. 초기에 나온 의견은 전 세계에 통합된 시간을 설정하자는 것이었다. 예를 들어 '런던'에서 정오가 되는 시간을 '12시'라고 부르는 것이다. 런던에서 정오, 즉 '12:00'은 뉴욕에서는 대략 '18:00' 정도이다. 하지만 사람들은 자신이 사는 지역의 시간에 적응해 살고 있었기 때문에 이 제안이 마음에 들지 않았다. 결국 1883년도에 전 세계에 '시간대'를 설정하고 각 시간대 내에서만 동일한 시간을 표준화하기로 타협했다. 그렇게 해서 시계에 표시된 12시간 내에서 시차가 설정되고, 각 지역의 정오는 최대 30분 내외에 포함되도록 했다. 다른 나라들도 하나둘씩 이 제안을 수용했고, 수많은 도시들이 시간을 맞추기 시작했다.[43]

젊은 시절의 아인슈타인은 대학에 자리를 얻기 전에 스위스 베른의 특허사무소를 다녔다. 그가 여기서 기차역들의 시계 조율과 관련한 특허 업무를 담당했던 것은 어쩌면 운명이었을지 모른다! 그가 시계를 조율하는 일이 궁극적으로 해결될 수 없는 문제라는 생각을 하게 된 곳이 바로 그 특허사무소였을 것이다. 다시 말해, 사람들이 시계의 동기화를 받아들인지 몇 해 되지 않았을 때 아인슈타인은 시간의 정확한 동기화가 불가능하다는 사실을 파악한 것이다.

시계가 등장하기 전, 수천 년 동안 인류가 시간을 가늠한 유일한 척도는 낮과 밤의 교차였다. 낮과 밤의 리듬은 동물과 식물의 수명도 조율한다. 낮의 리듬은 세계 곳곳에 언제나 존재한다. 생명 유지에 필수적인 낮의 리듬은 지구상 생명의 기원 그 자체에도 핵심적인 역할을 했을 것 같다. 낮의 리듬이 생명의 메커니즘을 가동시키기 위한 요동에 필요하기 때문이다. 생명체는 분자 시계, 신경 시계, 화학 시계, 호르몬 시계와 같이 서로 간 어느 정도 맞춰져 있는 다양한 시계를 갖고 있다.[44] 각 세포들의 기본적인 생화학 작용에조차 24시간 리듬으로 작용하는 화학적 메커니즘이 있다.

낮의 리듬은 밤이 지나면 낮이 오고, 낮이 지나면 밤이 온다는, 우리의 기본적인 시간 개념의 원천이다. 우리는 이 대단한 생체 시계의 맥박을 세면서 하루하루를 계산한다. 고대부터 이어온 인류의 지식에서 시간은 무엇보다 날짜를 계산하는 수단이다.

날짜를 넘어서 해와 계절, 달의 주기, 진자의 진동, 모래시계를 뒤집는 횟수도 계산하게 되었다. 이처럼 사물이 어떻게 바뀌는지 계산하는 수단, 이것이 인간이 오래전부터 생각한 전통적인 시간에 대한 개념이다.

우리가 아는 한, 시간이 무엇인지를 처음으로 문제 삼은 사람인 아리스토텔레스Aristoteles, BC 384~BC 322는 시간이 변화의 척도라는 결론에 이른다. 사물은 계속 변화하고, 우리는 이러한 변화를 측정하고 계산하기 위해 '시간'을 사용한다.

우리가 '언제?'라고 물을 때의 기준이 시간이라고 한 아리스토텔레스의 개념은 정확하다. "몇 '시간' 후에 올 거야?"라는 질문은 "언제 올 거야?"라고 묻는 것이다. '언제?'라는 질문에 대한 대답은 어떤 사건을 기준으로 한다. "사흘 뒤에 돌아올 거야."라는 말은 출발해서 돌아오기까지 태양이 하늘에서 세 번 회전할 것이라는 뜻이다. 간단하다.

그러나 아무것도 변하지 않는다면, 그 어떤 것도 움직이지 않는다면, 시간은 흐르지 않는 걸까?

아리스토텔레스는 그렇다고 생각했다. 시간은 사물의 변화에 맞춰 우리의 상황을 규정하는 방식이자 날짜의 변화와 계산에 맞춰 우리 자신을 위치시키는 방식이므로, 아무것도 변하지 않으면 시간은 흐르지 않는 것이다. 시간은 변화의 척도이다.[45] 아무 변화도 없으면 시간도 없다.

그런데 고요 속에서 시간이 흐르는 소리가 들릴 때가 있다. 이 시간은 어떨까? 아리스토텔레스는《자연학physique》에서 "고요 속에서 아무런 신체적 경험이 없지만 우리 마음속에 어떤 변화가 생긴다면, 우리는 즉시 어떤 시간이 흘렀다고 가정한다."[46]고 말했다. 즉, 우리 내면에서 흐른다고 인지한 시간도 움직임의 척도다. 우리 내면의 움직임인 것이다. 아무 움직임이 없으면 시간은 없다. 시간은 움직임의 흔적일 뿐이기 때문이다.

하지만 뉴턴은 이와 정반대의 생각을 하고 있었다.

그는 자신의 수작《자연철학의 수학적 원리Philosophiæ Naturalis Principia Mathematica》에서 이렇게 말했다. "나는 시간, 공간, 장소 그리고 운동을 정의하지 않겠다. 모두 잘 알고 있으므로……. 다만 내가 관찰해야 할 것은 보통 사람들이 그러한 양들을 다른 개념을 통해서가 아니라, 지각 가능한 사물과의 관계로부터 인식한다는 점이다. 여기에는 다양한 편견이 숨어 있는데, 이 편견들을 없애려면 절대적인 양과 상대적인 양, 참된 양과 겉보기 양, 수학적인 양과 통속적인 양을 구분하는 것이 편할 것이다."[47]

요약하자면 뉴턴은 날짜와 운동을 측정하는 '시간', 즉 아리스토텔레스의 시간(상대적이고 명백하며 통속적인)이 존재한다는 것을 인식하고 있었다. 그런데 그 외에 '또 다른' 시간도 존재할 것이라고 밝혔다. 뉴턴은 사물이나 사물의 변화와 상관없이 '진짜' 시간은 흐르고, 모든 사물이 멈추고 우리 영혼의 움직임마저 얼어붙어버려도 '진짜' 시간은 냉정하게 그리고 동일하게 계속 흐른다고 보았다. 아리스토텔레스가 언급한 시간과 반대인 것이다.

뉴턴은 '진짜' 시간에 직접적으로 접근하는 것은 불가능하고 계산을 통해 간접적으로만 접근할 수 있다고 말했다. 이 시간은 날짜를 기준으로 한 시간은 아니다. 왜냐면 "사실상 자연의 하루하루의 길이는 같지 않기 때문이다. 그럼에도 일반적으로는 같다고 여기기에, 시간의 척도로 사용된다. 가령 천문학자들은 천체의 움직임을 보다 정확히 측정하기 위하여 이 하루하루 길이의 불일치를 수정한다."[48]

누구의 말이 맞을까? 아리스토텔레스일까, 뉴턴일까? 인류 역사상 다시 없으리만치 예리하고 심오한 두 연구자가 시간에 대해 정반대의 사고 방법을 제시했다. 두 거장이 우리를 서로 반대 방향으로 끌어당기고 있다.[49]

아리스토텔레스가 말한 것처럼 시간은 단순히 사물이 어떻

4-2 **아리스토텔레스**
"시간은 변화의 척도일 뿐이다."

4-2 **뉴턴**
"아무 변화가 없을 때도 흐르는 시간이 있다."

게 변화하는지를 측정하는 수단일까, 아니면 사물과 상관없이 자체적으로 흐르는 절대적인 시간이 존재하는 것일까? 올바른 질문은 "시간에 대한 두 가지 사고방식 중 세상을 더 잘 파악할 수 있는 방법은 어떤 것인가?", "두 개념 전략 중 어떤 것이 더 효율적인가?"이다.

몇 세기 동안은 뉴턴 쪽이 우세한 듯했다. 사물과 상관없는 시간에 대한 개념을 바탕으로 한 뉴턴의 모델은 현대 물리학을 수립했고 매우 잘 맞아떨어졌다. 현대 물리학은 균일하고 묵묵히 태연하게 흐르는 시간의 존재를 가정하고 있다. 뉴턴은 문자 t로 표현된 이 '시간 속에서' 사물이 어떻게 움직이는

지 설명하는 방정식을 썼다.[50] 이때의 t는 무엇을 의미하는 것일까? 여름철의 긴 시간과 겨울철의 짧은 시간에 의해 형성된 시간일까? 아니다, 전혀 그렇지 않다. 이것은 뉴턴이 가정한, '무엇이 변화하거나 움직이는 것과 상관없이' 흐르는 '참된 수학적 절대 시간'이다.

뉴턴에게 시계는 항상 부정확하기는 하지만, 동등하고 균일한 시간의 흐름을 좇으려 하는 장치였다. 뉴턴은 이 '참된 수학적 절대 시간'은 인지할 수 없고 현상들의 규칙을 관찰하고 계산해서 추론해야 한다고 기록했다. 뉴턴의 시간은 우리 감각의 증거물이 아니라 우아한 지적 산물인 것이다. 교육받은 여러분에게 사물과 관련이 없는 뉴턴의 시간이란 존재가 단순하고 자연스러워 보인다면, 그 이유는 여러분이 학교에서 이 시간을 접했기 때문이다. 우리 모두 조금씩, 알게 모르게 시간에 대해 이런 방식으로 생각하게 되었다. 전 세계 교과서들은 시간을 공통적으로 생각하도록 기타의 개념들을 걸러냈다. 그리고 우리는 이러한 교육을 바탕으로 시간에 대한 직관을 만들었다. 지금은 사물이나 사물의 움직임과 별개인 균일한 시간의 존재가 자연스러워 보일 수 있지만, 고대의 인류에게는 그렇지 않았다.

실제로 대부분의 철학자들이 뉴턴의 생각에 반발했다. 특히 라이프니츠Leibniz, 1646~1716가 분노에 차 반발한 일화가 유명한데, 라이프니츠는 시간은 사건이 발생한 순서일 뿐, 자율적인 시간 같은 것은 없다는 기존의 논리를 옹호하고 나섰다. 아직도 간혹 라이프니츠라는 이름에 't'를 붙인 기록Leibnitz이 발견되기는 하지만, 당시 라이프니츠는 t, 즉 뉴턴의 시간이 존재하지 않는다는 굳은 신념을 보여주려고 자신의 이름에서 't'를 삭제하기까지 했다.[51]

뉴턴의 시대가 오기 전까지, 인류에게 시간은 사물이 어떻게 변하는지 헤아리는 방식이었다. 뉴턴 이전에는 그 누구도 사물과 상관없는 시간이 존재할 수 있으리라고 생각하지 못했다. 여러분의 예상이나 생각이 '당연한' 것이라 단정하면 안 된다. 그것은 우리보다 먼저 고민한 용기 있는 사상가들의 산물인 경우가 많다.

그런데 아리스토텔레스와 뉴턴, 이 두 거장 중 뉴턴이 정말 옳았을까? 뉴턴이 도입해 전 세계를 상대로 그 존재를 확신하게 만들었고 그의 방정식에서도 그토록 잘 맞아떨어졌던, 인지할 수 있는 시간은 아닌 '이 시간'은 정확히 무엇일까?

두 거장에게서 벗어나 새로운 방식으로 조화를 이루려면 제3의 거장이 필요했다. 그런데 이 세 번째 거장에 대한 이야기를 하기 전에 잠깐 공간에 대한 여담을 해볼 것이다.

아무것도 없는 곳에는 무엇이 있을까?

시간에 대한 두 가지 해석은(아리스토텔레스가 주장한, 사건이 발생한 '때'의 척도, 혹은 아무 일도 일어나지 않을 때도 흐르는 뉴턴의 실체 자체인 시간) 공간에도 적용될 수 있다.

시간은 '때(언제인가?)'를 물을 때와 관련된 것이다. 공간은 '어디'를 물을 때와 관련된 것이다. 예를 들어 내가 콜로세움이 어디 있냐고 물었을 때, 이에 대한 대답은 "로마에 있다."이다. 그리고 "너 어디 있어?"라고 물을 때는 "집에 있어." 정도의 답이 나올 수 있다. "무엇이 어디에 있는가?"의 대답은 그 무엇의 '주위'에 무엇이 있는지를 설명하는 것이다. 질문한 물건(혹은 사람) '주변'에 다른 것들이 무엇이 있는지 답하면 된다. 만약 내가 "나는 사하라에 있다."라고 말하면, 여러분은 내가 드넓은 사막에 둘러싸여 있는 모습을 상상할 것이다.

'공간', 혹은 '장소'가 무엇을 의미하는지 진지하고 심오하게 연구하고, 한 물체의 공간은 그 물체를 둘러싸고 있는 것이라고 처음으로 정확하게 정의한 사람은 아리스토텔레스였다.[52]

시간뿐 아니라 공간에서도 뉴턴은 다른 방식의 개념을 제안했다. 뉴턴은 아리스토텔레스가 주위에 있는 것들을 나열하는 방식으로 정의한 공간이 "상대적이고 겉보기이며 통속적이다."라고 주장했다. 그리고 공간 그 자체, 아무것도 없는 곳에서도 존재하는 공간이 "절대적이고 참되며 수학적"이라고 했다.

아리스토텔레스와 뉴턴의 주장은 확연히 다르다. 뉴턴은 두 물체 사이에 '빈 공간'도 존재할 수 있다고 생각했다. 반면 아리스토텔레스에게 공간은 사물의 정렬 상태일 뿐이므로 '빈 공간'은 말이 안 되는 것이었다. 사물이 없고 이 사물들이 확산되어 있지 않으며 접촉하지도 않으면, 공간도 없는 것이다. 뉴턴은 사물은 어느 한 '공간'에 위치해 있고, 이 공간은 사물을 치워도 빈 상태로 여전히 계속 존재하는 것이라 생각했다.

아리스토텔레스에게 '빈 공간'은 난센스였다. 두 물체가 접촉하지 않는다면 이 둘 사이에는 다른 무엇인가 있다는 것이고, 이 다른 무엇인가는 또 하나의 물체이므로, 결국 그곳엔 무엇인가 있다는 뜻이다. 이렇듯 아리스토텔레스의 논리로는 '아무것도 없는' 상태는 있을 수가 없다.

내 입장에서는 공간에 대한 이 두 가지 사고방식 모두 우리의 일상적인 경험에서 오는 것이 아닌가 하는 의구심이 든다. 두 방식의 차이는 우리가 사는 이 세상에서 벌어지는 사소한 사건, 즉 우리가 아주 간신히 그 존재 여부를 느낄 수 있는 공기의 강도 때문에 생기는 것이다. 예를 들어, 내가 탁자와 의자, 연필, 천장을 보고 있을 때, 나와 탁자 사이에는 "아무것도 없다."고 할 수 있다. 혹은 나와 탁자 사이에 "공기가 있다."라고 말할 수 있다. 우리는 공기를 두고 어떤 때는 특별하게 취급하기도 하고, 또 어떤 때는 아무것도 아닌 것으로 취급하기도 한다. 그래서 어떤 때는 무엇이 있는 것으로 보기도 하고, 없는 것으로 보기도 하는 것이다. "이 컵은 비어 있다."는 말은 공기가 차 있다는 뜻이기도 하다. 적은 수의 물체가 여기저기 흩어져 있으면 우리는 주변이 '거의 비었다.'고 생각할 수도 있고, 공기로 '가득 차 있다.'고 생각할 수도 있다. 결국 아리스토텔레스와 뉴턴은 형이상학적으로 깊게 접근하지 못한 것이다. 두 사람은 각자 통찰력 있고 천재적인 방식으로 주변 세상을 바라보기는 했지만, 공기의 존재는 헤아리지 않고 자신들의 믿음대로 공간을 정의해버렸다.

언제나 톱클래스였던 아리스토텔레스는 자신이 정확한 사람이기를 바랐고, 컵이 비었다고 하지 않고 공기가 차 있다고 말했다. 우리 경험으로도 '공기도, 아무것도 없는' 장소는 없다. 한편 뉴턴은 정확성보다는 사물의 움직임을 설명하기 위해 세워야 할 개념 패러다임의 효율성에 집중해 공기가 아닌 물체를 생각했다. 즉, 공기가 추락하는 돌에 끼치는 영향이 약하므로 아예 없다고 생각할 수 있다고 본 것이다.

시간에서처럼 뉴턴의 '저장 공간'이 당연해 보일 수 있지만, 이 또한 최근에 생긴 개념으로 뉴턴의 영향력이 크게 작용해 확산된 것이다. 현재 우리에게 설득력 있어 보이는 개념은 과거의 과학적이고 철학적인 노력이 만들어낸 산물이다.

'빈 공간'에 대한 뉴턴의 생각은 토리첼리Evangelista Torricelli, 1608~1647가 병에서 공기를 제거할 수 있다는 것을 증명했을 때 확인되는 듯 보였다. 그러나 병 속에는 전기장과 자기장 그리고 양자 입자들의 일정한 무리와 같은 물리적 존재자가 여전히 남아 있음이 금방 드러났다. 무정형의 공간으로 물리적 존재자가 전혀 없는, '절대적이고 실질적이며 수학적인' 완벽한 공백의 존재는 실험을 통한 증명 없이 뉴턴이 자신의 물리학의 토대를 세우기 위해 도입한 뛰어난 이론적 개념으로만 남았다. 천재적인 가설이고, 어쩌면 수많은 과학자들의 이론 중 가장 뛰어난 통찰일 수 있지만, 이 개념이 사물의 현실과 일치할까? 뉴턴의 공간이 정말 존재할까? 존재한다면, 정말 무정형일까? 아무것도 존재하지 않는 장소가 존재할 수 있을까?

이러한 의문은 시간에 대한 의문과 거의 흡사하다. 아무 일도 일어나지 않을 때 흐르는, '절대적이고 실재하는 수학적'인 뉴턴의 시간이 존재할까? 존재한다면, 이 세상의 사물과 전혀 다른 것일까? 그래서 사물과 관계가 없는 걸까?

이 모든 질문에 대한 답은 두 거장의 완전히 상반되는 사고

방식을 융합해야 찾을 수 있다. 그 과업을 달성하려면 이들의 춤에 세 번째 거장이 개입해야 했다.◆

세 거인의 춤

아리스토텔레스의 시간과 뉴턴의 시간은 아인슈타인의 보석 같은 연구로 통합되었다.

앞에서 던진 질문에 대한 대답은, 뉴턴이 손으로 만질 수 있는 물질 저 너머 세상에 존재한다고 예상한 시간과 공간이 현실 속에 '존재한다'이다. 뉴턴의 시간과 공간이 실재하는 것이다. 그러나 뉴턴이 상상한 것처럼 절대적이거나, 세상에 일어나는 현상들과 무관하거나, 세상의 물질들과 전혀 다른 어떤 것이 아니다. 비유를 하자면 뉴턴이 거대한 캔버스에 세상 이야기를 그린 것이라 할 수 있다. 그런데 이 캔버스는 세상의 모든 사물을 이루고 있는 물질들, 돌과 빛, 공기를 이룬 것과

◆ 여러 세대를 거치며 천천히 연구한 것이 아니라 몇 안 되는 천재들의 머릿속에서 나온 결과일 뿐이라는 식으로 과학사를 소개해 비난받은 적이 있다. 타당한 비난이었기에 이제까지 필요한 연구를 해왔고, 하고 있는 세대에게 사죄한다. 내가 할 수 있는 유일한 변명은 내가 역사에 대한 상세한 분석도, 과학적 방법론도 공부하지 않아서 범한 실수라는 것이다. 나는 그저 중요한 약간의 행보들만 종합하고 있다. 시스틴 성당의 작품을 이해하려면 무수한 화가와 수공예 장인들이 천천히 걸어온 기교와 문화, 예술적 진보를 살펴야 한다. 하지만 결국 시스틴 성당에 그림을 그린 것은 미켈란젤로였다.

같은 물질들로 만들어졌다.

현재까지 우리가 아는 최선의 지식에 따르면, 이 세상의 물리적 현실의 씨실을 구성하는 물질들을 물리학자들은 '장field'이라고 부른다. 간혹 이국적인 이름을 붙이기도 했는데, '디랙Dirac의 장'은 탁자나 별을 이루는 직물과 같은 것이다. '전자기장'은 빛을 이루는 씨실로, 전기 모터를 회전시키고 나침반의 바늘을 북쪽으로 돌리는 힘들의 원천이다. '중력장'이라는 것도 있다. 이것은 중력의 근원이지만, 뉴턴의 공간과 시간을 형성하고 이 세상의 나머지 부분이 그려지는 직물이기도 하다. 시계는 이러한 중력장의 외연 크기를 측정하는 메커니즘이다. 길이 측정에 사용되는 미터는 중력장 외연의 다른 측면을 측정하는 물질의 일부다.

시공간이 중력장이고, 중력장이 시공간이다. 뉴턴이 예상한 것처럼 물질이 없어도 자체적으로 존재하는 무엇인가가 있다. 하지만 이 세상의 여타 사물들과 다른 존재자(뉴턴이 생각했던 것처럼)는 아니고, 다른 장들과 같은 장이다. 이 세상은 캔버스 하나의 그림만 있는 것이 아니라 캔버스들의 층으로 뒤덮여 있고, 중력장은 그러한 것들 중 하나에 불과하다. 중력장 역시 절대적이지도 균일하지도 고정적이지도 않다. 오히려 구부러지기도 펴지기도 하고, 다른 것들과 서로 밀고 당기기도 한다.

방정식은 모든 장들이 서로에게 끼치는 영향을 설명하며, 시공간은 이러한 장들 중 하나다.◆

중력장은 매끄럽고 평평한 완벽한 평면일 수도 있는데, 뉴턴이 설명한 것이 바로 이 내용이다. 이 경우 미터기로 측정 가능한, 학창 시절 수업 시간에 배운 유클리드 기하학이 적용된다. 하지만 중력장은 파도처럼 출렁일 수도 있다. 이럴 때 중력파라 부르는데, 축소되기도 확장되기도 한다.

1장에서 질량이 큰 물체 근처에서는 시계가 느려진다고 설명했던 걸 기억하는가? 더 정확히 설명하면 그곳엔 더 많은 중력장이 있기 때문에 시간도 더 느려진다. 즉, 시간이 더 적어지는 것이다.

중력장으로 이루어진 캔버스는 늘릴 수도, 당길 수도 있는 탄력성이 뛰어난 거대한 종이와 같다. 이 중력장 캔버스가 펼

◆ 아인슈타인이 이러한 결론을 얻기까지는 오랜 시간이 걸렸다. 1915년도에 장에 관한 방정식을 쓰면서도 결론을 내리지 못하고 끝없이 수정에 수정을 반복하면서 물리적 의미를 파악하기 위해 혹독한 노력을 기울여야 했다. 아인슈타인은 특히 물질이 없는 상황에서도 (방정식의) 해가 존재하는 점과 중력파의 실제 여부를 두고 무척 혼란스러워했다. 결국 마지막 기록을 쓸 때가 되어서야, 특히 《상대성: 특수상대성이론과 일반상대성 이론 Relativity: The Special and General Theory(Methuen, London, 1954)》의 5쇄에 추가된 다섯 번째 증보 《상대성과 공간에 관한 문제 Relativity and the Problem of Space》에서 최종적으로 확실한 결론에 이르렀다. 이 증보는 http://www.relativitybook.com/resources/Einstein_space.html에서 열람할 수 있다. 그러나 저작권 문제로 원본 전체가 기재되어 있지는 않다. 이에 대한 자세한 설명은 내 책 《양자중력 Quantum Gravity(Cambridge University Press, Cambridge, 2004)》을 참조해보시라.

쳐지거나 굽는 것은 중력의 기원이자 사물 낙하의 원인이 되는데, 이는 뉴턴의 고전 중력 이론에 비해 중력과 낙하 현상을 훨씬 더 잘 설명해준다. 1장의 그림 중 어떻게 높은 곳이 낮은 곳보다 시간이 더 많이 흐르는지 표현한 그림을 떠올려보자.(그림 1-1) 다이어그램이 그려진 종잇조각이 탄력적이며, 산속에서의 시간이 실제로 길게 늘어나도록 이를 늘린다고 상상해보자. 그러면 공간(높이, 수직 방향)과 시간(수평 방향)이 그림 4-3처럼 뒤바뀐 결과를 얻게 되지만, 산속의 '더 길어진' 시간은 더 커진 시간의 길이로 잘 표현된다.

이 그림은 물리학자가 '휜' 시공간이라 부르는 것이다. '휜' 것은 시공간이 뒤틀렸기 때문인데, 탄력적인 종이를 잡아당기면 거리가 줄어들거나 늘어나거나 하는 것과 같다. 이것이 바로 앞 장에서 본 그림처럼 광원뿔들이 기울어진 이유다.

이처럼 시간은 공간 기하학과 함께 구성된 복합적인 기하학의 일부가 된다. 아인슈타인이 아리스토텔레스의 시간 개념과 뉴턴의 시간 개념을 합성한 논리가 바로 이것이다. 갑자기 머리에 섬광이 번쩍이듯 아인슈타인은 아리스토텔레스와 뉴턴 두 사람이 다 옳았다는 것을 알게 된다. 우리가 흔히 볼 수 있는 움직이거나 변화하는 단순한 사물 외에 무엇인가 존재한다는 뉴턴의 예상은 옳았다. 뉴턴의 참된 수학적 시간은 실제

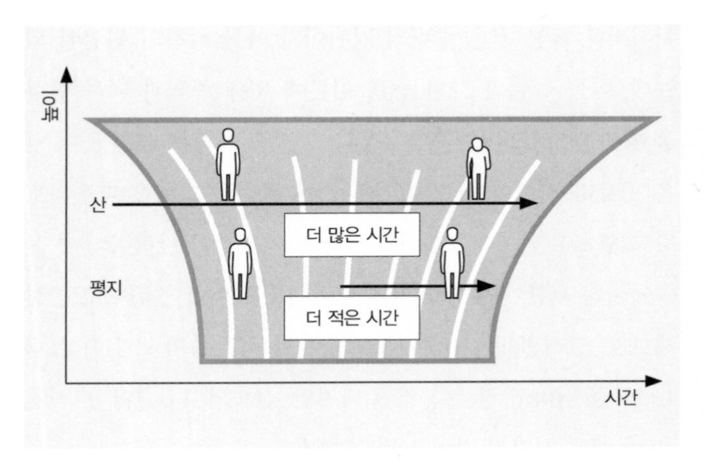

4-3 휜 시공간

로 존재한다. 탄력 있는 종이, 휜 시공간, 중력장도 마찬가지다. 그러나 이 시간이 사물과 관련이 없으며 규칙적으로 꾸준히, 그 어떤 것과 아무 상관없이 흐른다는 추측은 틀렸다.

'언제'와 '어디'가 항상 무언가와의 관계 속에서 정해진다는 아리스토텔레스의 의견은 옳았다. 하지만 이 무엇인가가 중력장, 곧 아인슈타인의 시공간일 수도 있다. 왜냐면 아인슈타인의 시공간은 아리스토텔레스가 제대로 관찰한 것처럼, 우리의 위치를 정하는 근거로 작용할 수 있는 역동적이고 구체적인 존재자이기 때문이다.

이 모든 것은 완벽하게 일관성이 있으며, 중력장의 뒤틀림과 중력장이 시계와 미터기에 끼치는 영향을 설명하는 아인슈타인의 방정식은 한 세기 동안 수차례 재확인되었다. 그러나 시간에 대한 우리의 개념은 또 한 부분, 이 세상에서의 독립성을 잃었다.

아리스토텔레스와 뉴턴, 아인슈타인, 이 세 명의 위대한 연구자들의 춤 덕분에 우리는 시간과 공간에 대해 아주 깊이 이해할 수 있었다. 중력장이라는 실제적인 구조가 존재하고 이것이 다른 물리학과 동떨어지지 않으며, 세상이 그냥 한번 흘러 지나가는 무대도 아니라는 것을 알려준 것이다. 중력장은 다른 것들과 상호 작용을 하면서, 우리가 미터기나 시계라 부르는 것들의 리듬과 모든 물리적 현상의 리듬을 정하는, 이 세상의 위대한 춤을 구성하는 역동적인 요소다.

성공은 항상 그렇듯 단명할 운명에 있다. 위대한 성공조차도 그렇다. 아인슈타인은 1915년에 중력장 방정식을 썼는데, 1년이 채 지나지 않은 1916년, 이 방정식이 공간과 시간의 본성에 대한 최종적인 설명이 될 수 없다는 것을 알았다. 양자역학이 남아 있었기 때문이다. 중력장도 다른 모든 사물들처럼 양자적 특성을 가져야 한다.

05

시간의 양자

집에 아홉 해가 지난 오래된 와인 항아리가 있다.
필리데여, 정원에 왕관을 엮을 참나무와 숱한 담쟁이가 있다……
4월 중순의 오늘, 거의 나의 성탄보다 더 멋진 내게는
파티의 날인 오늘 그대를 초대하노라.
4권 11편

내가 지금까지 설명한 상대론적 물리학의 묘한 풍경은 공간과 시간의 양자적 특징을 떠올리면 한층 더 낯설어진다.

시간의 양자적 특징을 연구하는 학문을 '양자중력'이라 부르는데, 내 연구 분야다.[53] 아직까지 과학 사회의 승인을 얻고 실험을 통해 확인된 양자중력 이론은 없다. 나는 연구 인생의 대부분을 루프 양자중력loop quantum gravity, 혹은 루프 이론loop theory의 문제에 대한 답을 찾는 데 바쳤다. 누구나 이 이론에 믿음을 보이는 것은 아니다. 예를 들어 끈 이론 연구자들은

연구 방향이 다르고, 누가 옳은지를 가리기 위해 한창 논쟁 중이다. 그렇다, 과학은 때로 격렬한 논쟁을 통해 성장하기도 한다. 그러니 언젠가는 누가 옳은지 밝혀질 날이 올 것이다. 어쩌면 그날이 얼마 남지 않았는지도 모른다.

그러나 시간의 특성과 관련해서는 최근 몇 년 사이 견해차도 줄고 이전보다 훨씬 분명해진 결론들이 상당히 많이 도출되었다. 확실해진 것은 앞 장에서 설명한 일반상대성 이론의 나머지 시간 구조도 양자를 개입시키면 사라진다는 것이다.

보편적 시간은 무수히 많은 작은 고유 시간들로 산산조각 났지만, 양자를 생각하면 이 모든 시간이 각각 나름대로 '요동'을 치고 마치 구름처럼 사라지며, 특정한 값들만 가질 수 있고 그 밖의 값들은 지닐 수 없다는 것을 인정해야 한다. 이제 조각 난 시간들은 앞의 장들에 소개된 그림 속의 시공간 종이가 될 수는 없다.

양자역학 덕분에 얻은 발견은 기본적으로 세 가지인데, 물리적 변수의 입자성granularity과 미결정성, 관계적 양상이다. 이 세 가지 모두 우리에게 남아 있던 시간에 대한 개념을 최종적으로 무너뜨렸다. 그럼 이제부터 하나씩 살펴보자.

입자성

시계로 측정한 시간은 '양자화'된다. 다시 말해 특정한 값만 취하고 다른 값들은 없는 것이다. 시간을 연속적인 것이 아니라 여러 알갱이로 나뉜 것이라 생각하면 된다.

입자성은 양자역학의 가장 특징적인 성질로 '양자'가 기본적인 입자, 즉 소립자여서 양자론이라는 명칭이 붙었다. 모든 현상에는 최소 규모가 존재한다.[54] 중력장에서는 이 규모를 '플랑크 규모'라고 부른다. 최소 시간은 '플랑크 시간'이라 한다. 이 시간 값은 상대론적 현상과 중력 현상, 양자론적 현상들의 특징을 규정하는 상수들을 조합하면 어렵지 않게 추정할 수 있다.[55] 이 상수들이 규정하는 값은 10^{-44}초, 10억 분의 10억 분의 10억 분의 10억 분의 1억 분의 1초이다. 이것이 플랑크 시간인데, 이 엄청나게 짧은 시간 속에서 시간의 양자 효과가 나타난다.

플랑크 시간은 짧다. 현재 실제로 사용되는 그 어떤 시계로도 측정할 수 없을 만큼 아주 짧다. 너무 짧기에, 아주 미세한 크기의 '저 아래'에서는 시간 개념이 더 이상 유효하지 않다는 것을 발견하더라도 우리는 놀라서는 안 된다. 왜 그럴까? 언제 어디서든 항상 유효한 것은 없다. 조만간 새로운 무엇인가가 또 등장하게 될 것이다.

시간의 '양자화'는 시간 t의 거의 모든 값들이 존재하지 않는다는 것을 암시한다. 상상할 수 없을 정도로 아주 정확한 시계로 시간 간격을 측정한다면, 측정된 시간은 오직 몇몇의 분리된 특정한 값만을 취할 수 있다는 얘기다. 간격은 연속적이라 생각할 수 없다. 균일하게 흐르는 것이 아니라 캥거루처럼 한 값에서 다른 값으로 껑충 뛰어넘는, 불연속적인 것으로 생각해야 한다.

다시 말해, 시간의 '최소' 간격이 존재하는데 이 간격 이하로 내려가면, 가장 기본적인 의미에서 보더라도 시간으로서의 개념은 존재하지 않는다.

아리스토텔레스에서 하이데거Heidegger, 1889~1976에 이르기까지 수 세기 동안 '연속'의 특성을 논하기 위해 학자들이 낭비한 잉크의 양은 상당할 것이다. 연속은 사물을 아주 세밀하고 고운 형태에 가깝게 하기 위한 수학 기법일 뿐이다. 세계는 미묘하게 분리돼 있으며 연속적이지 않다. 신은 이 세상을 연속적인 선으로 그리지 않았다. 쇠라Seurat, 1859~1891처럼 가벼운 손놀림으로 작은 점을 찍어 그려냈다.

입자성은 자연에 언제 어디서나 존재한다. 빛은 빛의 입자인 광자로 이루어져 있다. 원자 속 전자들의 에너지는 특정한 값 외에 다른 값은 취할 수 없다. 밀도가 아주 높은 물질처럼 아주 깨끗한 공기도 입자로 이루어져 있다. 뉴턴의 공간과 시간이 다른 물질처럼 물리적 실체라고 했으니 이 또한 입자성을 지닌다고 자연스럽게 제안할 수 있다. 이 생각은 이론에 의해 확증되는데, 루프 양자중력은 기본적인 시간 도약이 작지만 유한하다고 예측하고 있다.

시간이 입자성을 띨 수 있고 최소 시간 간격이 있다는 생각을 뉴턴이 처음 한 것은 아니다. 기원후 7세기에 세빌리아의 대주교 이시도르Isidore of Seville, 560~636가 자신의 책, 《어원학Etymologiae》에서 언급한 바 있고, 다음 세기에 베다 베네라빌리스Beda Venerabills, 672~735도 《시간의 구분De Divisionibus Temporum》이라는 의미심장한 제목의 작품에서 이에 대한 주장을 펼쳤다. 12세기에는 위대한 철학자 마이모니데스Maimonides, 1135~1204가 "시간은 원자로, 즉 짧은 기간 때문에 더 이상 나눠질 수 없는 수많은 부분들로 구성된다."라고 했다.[56] 이 개념은 그보다 더 오래되었을 가능성이 많다. 하지만 데모크리토스Democritos, BC 460?~BC 370가 남긴 기록의 원본이 유실되어 정통 그리스 원자론에 포함되어 있었는지에 대해서는 알 수 없다.[57] 이러한 추상적 사고는 이를 사용한 과학적 가설의 등장을 수 세기 앞질러 예견했을 가능성이 있다.

'플랑크 시간'의 공간적 자매는 '플랑크 길이'이다. 이 최소

$$10^{-33}$$

5-1 **플랑크 길이**

한계 이하의 길이는 의미가 없다. 플랑크 길이는 약 10^{-33}센티미터, 즉 10억 분의 10억 분의 10억 분의 1백만 분의 1센티미터이다.

나는 대학생 시절에 이 작디작은 규모에서 일어나는 문제와 사랑에 빠졌다. 그래서 큰 종이 한가운데에 붉은색으로 플랑크 길이를 뜻하는 숫자를 써넣었다. 이때 나는 볼로냐에 살았는데, 이 종이를 침실에 걸어두고 저 아래, 공간과 시간의 기본 양자에 이르기까지 공간과 시간이 존재를 멈추는 아주 작은 등급에서 벌어지는 일들을 연구하기로 결심했다. 이후 나는 이를 달성하기 위해 내 여생을 노력하며 보냈다.

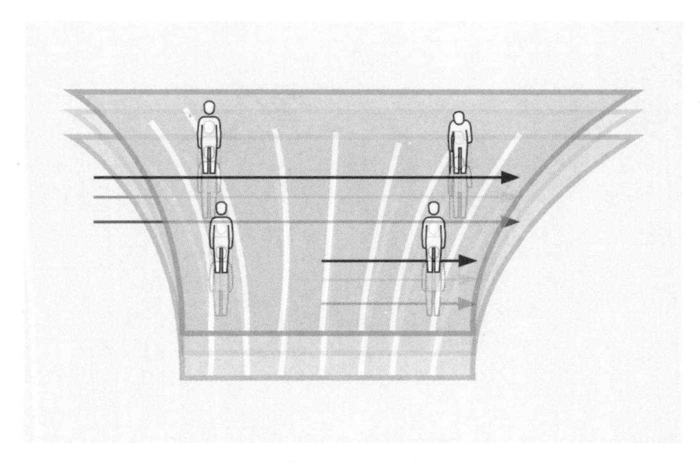

5-2 양자역학을 고려한 산과 평지의 중첩

시간의 양자중첩

양자역학의 두 번째 발견은 불확정성이다. 내일 전자가 어디에서 나타날지 정확하게 예측할 수가 없는 것이다. 전자는 한번 나타났다 곧이어 다시 나타나는 동안에 정확한 위치를 갖고 있지 않다.[58] 마치 확률구름probability cloud*, 속으로 사라지는 듯하다. 이런 상황을 물리학자들이 사용하는 전문 용어로는 위치의 '중첩重疊'이라고 한다.

* 파동 방정식을 만족하는 확률 밀도 함수에 의해 정해지는 전자의 존재 영역.

5-3 **요동치는 광원뿔**

시공간은 전자와 같은 물리적 물체다. 시공간도 파동처럼 흔들리며 다양한 형태로 '중첩'될 수 있다. 예를 들어 4장 마지막에 언급한 늘어진 시간은 양자역학을 고려할 경우, 그림 5-2에 대략 보이듯이, 여러 시공간의 희미한 중첩인 양 상상될 수 있다. 마찬가지로 광원뿔의 구조도 과거와 현재, 미래를 구분하는 모든 지점에서 요동친다.(그림 5-3)

시공간이 중첩되면 한 입자가 공간에서 널리 퍼질 수 있듯이, 과거와 미래의 차이도 흔들릴 수 있다. 한 사건이 다른 사건의 전과 후 모두에서 발생할 수도 있다.

관계들

'요동'이 아무것도 결코 결정되지 않는다는 의미는 아니다. 단지 특정한 순간에 예측할 수 없는 방식으로 결정된다는 의미다. 이러한 미결정성은 하나의 양이 다른 양과 상호 작용할 때는 해소된다.*

상호 작용 중에 전자는 어떤 한 지점에서 구현돼 나타난다. 예를 들어 전자는 스크린에 충돌해 특정 지점에 놓여 있던 입자 검출기에 잡히거나 아니면 광자와 충돌한다. 이럴 경우 전자는 그 특정 지점에 놓임으로써 구체적인 위치를 얻게 된다.

그러나 이러한 전자의 구체화에는 묘한 측면이 있다. 전자는 그것과 상호 작용하는 다른 물리적인 물체와의 관계 하에서만 구체화된다. 물리적인 물체가 아닌 다른 모든 것들과의 상호 작용은 미결정성을 오직 확산시킬 뿐이다. 구체성은 물리적 체계와의 관계에서만 발현된다. 나는 이것이 양자역학의 가장 급진적인 발견이라고 생각한다.**

* 여기서 상호 작용에 대한 기술적 용어는 '측정'인데, 이는 오해의 소지가 있다. 왜냐면 실재를 만들기 위해, 마치 흰색 코트를 입은 실험물리학자가 필요한 것처럼 보이기 때문이다.

** 나는 여기서 양자역학에 대한 관계론적 해석을 사용하고 있다. 나에게는 가장 적게 의심이 가는 그럴듯한 해석이다. 특히 이후 아인슈타인의 방정식을 만족하는 고전적인 시공간의 상실에 관한 관찰들은 내가 아는 모든 다른 해석들에선 타당하지 못했다.

전자 하나가 물체와 부딪힐 때, 예를 들어 오래된 음극선관 텔레비전의 화면에 부딪히면, (전자의) 확률구름은 '붕괴'되고 전자는 화면상의 어느 한 지점에 구체화되어, TV 영상을 만드는 데 쓰이는 발광점을 생성한다. 이런 일은 화면과의 관계에서만 발생한다. 하지만 만약 전자가 다른 물체와의 관계하에 놓여 있었다면, 전자와 화면은 함께 중첩된 상태에 있었을 것이다. 그리고 오직 제3의 물체와의 또 다른 상호 작용이 일어나는 순간에만, 전자와 화면이 함께 공유한 확률구름은 '붕괴'되고 전자와 화면은 특별한 형태로 구체화된다.

전자가 이렇게 고약하게 군다는 생각을 하기는 어렵다. 공간과 시간의 작동한 방식은 받아들이기 더 당혹스럽다. 하지만 모든 증거에 따르면, 양자 세상, 즉 우리가 사는 이 세상은 그렇다.

시간의 기간과 물리적 간격을 결정하는 물리적 기체인 중력장은 질량의 영향을 받는 역동적인 것만은 아니다. 이 또한 무엇인가와 상호 작용할 때까지는 결정된 값을 가지지 않는 양자적 존재자다. 상호 작용이 있을 경우, 시간의 기간들은 중력장이 상호 작용하는 그 무엇을 위해서만 입자화되어 결정된 값을 지니게 된다. 우주의 다른 것들에 대해서는 미결정 상태로 남는다.

시간은 더 이상 일관성 있는 하나의 캔버스가 아니라, 관계들의 느슨한 망이 된다. 여러 시공간들이 파동처럼 요동치고, 서로 중첩이 가능하고, 특정한 물체와 관련해 특정한 시간에 구체화된다는 이미지는 우리에겐 매우 모호하다. 그러나 이는 세상의 정교한 입자성을 위해선 최선이다. 우리는 지금 양자 중력의 세상을 들여다보고 있는 것이다.

지금까지 저 밑바닥까지 살펴본 길고 긴 1부의 내용을 요약해보자. 시간은 유일하지 않다. 궤적마다 다른 시간의 기간이 있고, 장소와 속도에 따라 각각 다른 리듬으로 흐른다. 방향도 정해져 있지 않다. 과거와 미래의 차이는 세상의 기본 방정식에서는 존재하지 않으며, 단지 우리가 세부적인 것들은 간과하고 사물을 바라볼 때 나타나는 우발적인 양상일 뿐이다. 이러한 관점에서 우주의 과거는 신기하게도 '특별한' 상태에 있었다. '현재'라는 개념은 효력이 없다. 광활한 우주에 우리가 합리적으로 '현재'라고 부를 수 있는 것은 아무것도 없다. 시간의 간격(기간)을 결정하는 토대는 세상을 이루는 다른 실체들과 다른 독립적인 존재가 아니다. 그것은 역동적인 장의 한 양상이다. 이 역동적인 장은 도약하고 요동치며 상호 작용할 때만 구체화되며, 최소 크기 아래에서는 발견되지 않는다. 그렇다면 결국 시간과 관련하여 남는 것은 무엇인가?

"손목에 찬 시계는 바다에 던져버리고 시간이 잡고자 하는 것은 바늘의 움직임일 뿐이라는 것을 깨닫는 편이 낫다."[59]

이제 시간이 없는 세상으로 들어가보자.

2부

시간이 없는 세상

06

사물이 아닌 사건으로 이루어진 세상

여러분, 인생의 시간은 짧습니다……
우리가 살아 있다면, 왕들을 짓밟기 위해 사는 겁니다.
셰익스피어, 《헨리 4세》

로베스피에르가 프랑스를 군주제에서 해방시켰을 때, 구체제Ancien Régime의 유럽은 문명이 끝난 것처럼 두려워했다. 청년들이 사물의 옛 질서에서 벗어나려고 하면, 구세대는 모든 것이 무너질까 봐 두려워한다. 하지만 유럽은 프랑스 왕이 없어도 아주 잘 살 수 있었다. 이 세상도 시간이라는 왕이 없어도 계속 잘 살 수 있을 것이다. 그럼에도 19세기와 20세기 물리학에 의해 시간이 파괴될 때, 시간의 한 측면은 살아남았다. 뉴턴의 이론은 허식에 휘감겨 있었고 사람들은 그 허식에 무척 익숙했다. 그런데 이제 그 허식이 벗겨지고 조금 선명하게 빛나기 시작했다. 이렇게 세상은 변화한다.

시간이 잃은 것들(유일함, 방향, 독립성, 현재, 연속성 등) 중 그 어떤 것도 이 세상이 수많은 '사건들'의 네트워크라는 사실에 의문을 제기하지는 못했다. 한편에선 시간의 값들을 정확하게 결정하고, 다른 한편에선 사건들이 발생한다.

기본 방정식에 '시간'의 양이 없다고 해서 세상이 얼어붙어 꼼짝도 하지 않는 것은 아니다. 시간 할아버지(시간을 의인화한 가상의 존재. 큰 낫과 모래시계를 든 노인의 모습)가 정한 질서 없이도 세상의 변화는 언제 어디서나 일어난다. 헤아릴 수 없을 만큼 많은 사건들이 뉴턴의 유일한 시각표나 아인슈타인의 우아한 기하학에 따라 잘 배치되어 있지 않더라도 말이다. 이 세상의 사건들은 영국인들처럼 나란히 줄을 서지 않는다. 이탈리아인처럼 무질서하게 운집해 있다.

세상의 사건들은 변화하고 우연히 벌어진다. 이 우연한 발생은 무질서하게 확산되고 흩어진다. 이동 속도가 다른 시계들은 동일한 시간을 표시하지 않는다. 한 시계의 바늘은 다른 시계와의 관계에서 볼 때 다르게 움직인다. 기본 방정식들에 하나의 시간 변수는 포함되지 않지만, 서로의 관계 안에서 변화하는 시간 변수들은 포함된다. 아리스토텔레스에 따르면 시간은 변화의 척도다. 그 변화를 측정하기 위해 다양한 변수들이 선택될 수 있고, 이 변수 중 그 어떤 것도 우리가 본 시간의 '모든' 특성을 갖고 있지는 않다. 세상이 끝없이 변화한다는 사실은 변하지 않는다.

모든 과학적 진보는, 세상을 읽는 최고의 문법이 영속성이 아닌 변화의 문법이라는 점을 알려준다. 존재의 문법이 아니라 되어감의 문법이다.

세상은 '사물'로 이루어진 것이라 생각할 수 있다. 물질로, '실체'로, '현재에 있는' 무엇인가로 이루어졌다고 말이다. 혹은 '사건'으로 이루어진 세상이라고 생각할 수 있다. 우연적 발생으로, 과정으로, '발생하는' 그 무엇인가로 이루어진 세상으로 보는 것이다. 그 무엇은 지속되지 않고 계속 변화하며 영속적이지 않다. 기초 물리학에서 시간 개념의 파괴는 두 가지 관점 중 첫 번째 관점이 붕괴된 것이지 두 번째는 아니다. 변하지 않는 시간 속에서의 안정성이 실현된 것이 아니라, 일시성이 언제 어디서나 존재하게 된 것이다.

세상을 사건과 과정의 총체라고 생각하는 것이 세상을 가장 잘 포착하고 이해하고 설명할 수 있는 방법이다. 상대성이론과 양립할 수 있는 방법은 이것뿐이다. 세상은 사물들이 아닌 사건들의 총체이다.

사물과 사건의 차이는 '사물'은 시간 속에서 계속 존재하고, '사건'은 한정된 지속 기간을 갖는 것이다. '사물'의 전형은 돌이다. 내일 돌이 어디 있을 것인지 궁금해할 수 있다. 반면 입맞춤은 '사건'이다. 내일 입맞춤이라는 사건이 어디에서 일어날지 묻는 것은 의미가 없다. 세상은 돌이 아닌 이런 입맞춤들의 네트워크로 이루어진다.

세상을 이해하기 위해 필요한 기본 단위는 공간의 특별한 지점에 있는 것이 아니다. '어디'뿐 아니라 '언제'에도 있다. 그것이 바로 사건인데, 그들은 공간은 물론 시간적인 한계가 있다.

실제로 잘 살펴보면, 매우 '사물다운' 사물들은 장기간의 사건일 수밖에 없다. 예를 들어 아주 단단한 돌의 경우, 우리가 화학과 물리학, 광물학, 지질학, 심리학에서 배운 바로는 양자장의 복잡한 진동이고, 힘들의 순간적인 상호 작용이다. 돌은 짧은 순간 동안 자신의 형상을 유지하고, 다시 먼지로 분해되기 전 자체적으로 균형 상태를 유지하는 과정이다. 지구의 기본 원소들 사이에서 일어나는 상호 작용의 역사 속에 잠시 존재하는 장, 신석기 인류의 흔적, 《폴 거리 소년들The Paul Street Boys》◆의 무기, 시간에 관한 어느 책의 예시, 존재론에서의 은유 대상, 인식의 대상, 물체보다는 우리 몸의 인식 구조에 더 많이 의존하는 세상의 세분화 일부, 실재를 구축하는 우주 게임에서의 복잡한 매듭, 그것이 돌의 실상이다. 세상이 금세 사라지는 소리나 바다를 가로지르는 파도로 이루어지지 않은 것처럼, 이런 작은 돌만으로 만들어지지도 않는다.

세상이 사물로 이루어져 있다면, 이 사물들은 어떤 것일까? 더 작은 입자들로 구성되어 있다고 밝혀진 원자일까? 장field의 일시적인 요동에 지나지 않는 기본 입자들일까? 상호 작용과 사건을 언급하기 위한 언어 코드인 양자장일까? '물리적'인 세상이 사물로, 존재자들로 이루어졌다고 생각할 수는 없다. 그렇게 작동하지 않는다.

반면, 세상이 사건의 네트워크라고 생각하면 작동한다. 아주 간단한 사건이든 아주 복잡한 사건이든 더 단순한 사건들의 조합으로 분해될 수 있다. 예를 들어, 전쟁은 사물이 아니라 사건들의 총체이다. 폭풍우도 사물이 아니라 돌발적인 사건들의 집합이다. 산 위의 구름도 사물이 아니다. 공기 중의 습기가 응결된 것을 바람이 산으로 이동시킨 것이다. 파도도 사물이 아니라 물이 움직이는 것이고, 이 물은 언제나 다른 모양을 만든다. 가족도 사물이 아니라 관계와 사건, 느낌의 총체

◆ 헝가리 작가 피렌체 몰나르Ferenc Molnar가 쓴 청소년 소설.

다. 그렇다면 인간은 어떨까? 당연히 사물이 아니다. 산 위에 걸린 구름처럼 음식, 정보, 빛, 언어를 비롯한 수많은 것들이 들어가고 나오는 복잡한 프로세스다. 사회적 관계의 네트워크 속에, 화학적 프로세스의 네트워크 속에, 자신과 비슷한 타인들과 교환한 감정의 네트워크 속에 있는 수많은 매듭들이 인간 안에 존재한다.

오랫동안 우리는 근본 '실체'의 관점에서 세상을 파악하려 했다. 아마 그 어떤 학문보다 물리학이 이러한 근본 실체를 가장 많이 연구했을 것이다. 하지만 연구를 그렇게 많이 했는데도 세상이 존재하는 사물들로써 그다지 잘 이해된 것 같지는 않다. 오히려 사건들 사이의 관계로 훨씬 더 잘 이해된 듯하다.

1장에서 언급한 아낙시만드로스의 말은 우리로 하여금 '시간의 순서에 따른' 세상에 대해 생각해보게 한다. 우리가 시간의 순서가 무엇인지 안다고 선험적으로 가정하지 않는다면, 즉 우리에게 익숙한 선형적이고 보편적인 순서를 전제하지 않는다면, 아낙시만드로스의 조언은 유효하다. 사물을 연구하는 것이 아니라 변화를 연구하면 세상을 이해할 수 있는 것이다.

이 훌륭한 아낙시만드로스의 조언을 망각한 자는 그 값을 치러야 했다. 그리고 이 오류에 빠진 자들은 뜻밖에도 플라톤

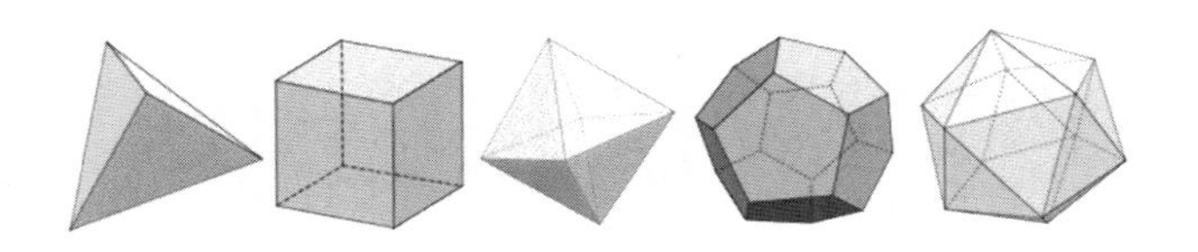

6–1 오직 다섯 개의 정다면체가 존재한다는 수학적 정리

Platon, BC 427~BC 347과 케플러Kepler, 1571~1630였다. 두 거장 모두 똑같은 수학에 빠져 아낙시만드로스의 조언을 간과했다.

플라톤은 《티마이오스Timaios》에서 데모크리토스 같은 원자론자들의 물리적 직관을 수학으로 해석해보겠다는 기발한 생각을 했다. 그러나 방법에 문제가 있었다. 원자의 '움직임'이 아니라 '형태'를 수학적으로 기술하려고 했던 것이다. 그는 다섯 개, '오직' 다섯 개의 정다면체가 존재한다는 수학적 정리에 매료되었다. 그 다섯 개의 다면체는 그림 6–1과 같다.

그리고 이러한 정다면체들이, 고대에 모든 사물을 구성하는 것으로 여겨졌던 다섯 개의 근본 실체인 흙, 물, 공기, 불 그리고 하늘의 실제 원자 모양이라는 과감한 가설을 시도했다. 재미있는 생각이기는 하지만 완전히 틀렸다. 일단 변화를 무시한 채, 사건이 아닌 사물을 가지고 세상을 이해하려 한 점이 잘못되었다. 프톨레마이오스Ptolemaeus, 84?~165?에서 갈릴레오, 뉴턴, 슈뢰딩거에 이르기까지 물리학과 천문학에서 작동하고 있는 것은 사물이 어떻게 '존재'하는지가 아니라 어떻게 '변화'하는지를 수학적으로 설명하는 것이다. 사물이 아니라 사건을 다루고 있다. 원자의 '형태'는 결국 전자들이 원자 속에서 어떻게 움직이는지를 설명하는 슈뢰딩거의 방정식에서 나온 답으로 이해할 수 있게 되었다. 이 방정식 역시 사물이 아닌 사건을 다루는 것이다.

원자에 대한 연구가 아직 충분한 결과물을 얻기 몇 세기 전, 젊은 케플러가 똑같은 오류에 빠진다. 케플러는 무엇이 행성 궤도의 크기를 규정하는 것인지 궁금했고, 플라톤을 현혹했던 바로 그 정리에 빠진다.(사실 이 정리가 무척 흥미롭기는 하다.) 그는 행성의 궤도 크기를 정하는 것이 정다면체라고 가정했는데, 예를 들어 한 다면체 안에 구면체를 넣고 여기에 다른 다면체를 넣고 또 다시 여기에 구면체를 넣는 일을 계속한다면, 구면체들의 반경과 행성 궤도들의 반경이 동일한 비율이 된다고 본 것이다.(그림 6-2)

재미있는 생각이지만 완전히 빗나갔다. 이 경우에도 역학이 빠져 있다. 시간이 좀더 흐른 뒤 행성들이 어떻게 '움직이는지'에 대한 연구로 넘어가면서부터 드디어 그에게도 천국의 문이 열렸다.

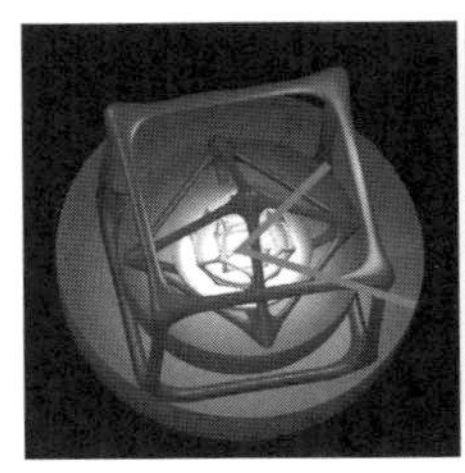

6-2 케플러가 빠진 오류

이렇듯 우리는 세상을 어떠한지가 아니라 세상에 어떤 일이 벌어지는지로 설명한다. 뉴턴 역학과 맥스웰 방정식, 양자역학 등도 '사물'이 어떠한지가 아니라 '사건'이 어떻게 벌어지는가를 설명한다. 우리는 생명체가 어떻게 '진화'하고 '살아가는지' 연구하면서 생물학을 알게 되었다. 우리가 서로 어떻게 상호 작용을 하는지, 어떻게 생각하는지를 연구하면서 심리학을(심리학의 경우는 그다지 많이는 아니고 약간만) 이해하고…… 세상의 존재가 아니라 그 안에서 일어나는 일로 세상을 이해한다.

'사물' 자체도 잠깐 동안 변함이 없는 사건일 뿐이다.[60] 이후에는 먼지로 돌아간다. 사실 모든 것은 언젠가 먼지가 된다.

이처럼 시간의 부재가 모두 얼어붙어 꼼짝도 하지 않는다는 의미는 아니다. 세상을 괴롭히는 끊임없는 사건들이 시간의 흐름으로 정리되지 않으며, 거대한 똑딱이로 측정되지도 않는다는 뜻이다. 4차원의 기하학도 형성되지 않는다. 세상은 양자 사건들의 방대하고 무질서한 그물이다. 깔끔한 싱가포르보다는 어지럽고 지저분한 나폴리와 비슷하다.

'시간'이 그저 사건을 뜻하는 것뿐이라면, 모든 사물은 시간이다. 시간 속에 있는 것만 존재한다.

07

문법의 부적당함

눈의 하얀색이 떠나갔다. 초록이 대지의 풀 속에 나뭇잎으로 돌아오고
봄의 온화한 은총이 다시 우리와 함께한다. 그렇게 시간의 회전과 흘러가면서
우리를 빛으로 현혹하는 현재는 불가능한 우리의 불사를 알리는 메시지이다.
서리가 이 미지근한 바람에 풀어진다.
4권 7편

보통 우리는 '지금' 존재하는 사물들을 '실재'한다고 한다. 현재에 있다는 뜻이다. 오래전에 존재했던 것이나 미래에 존재할 것은 그렇게 부르지 않는다. 과거나 미래의 사물들은 실제로 '있었다'라거나 실제로 '있을 것이다'라고 하지, 실제로 '있다'고 하지 않는다.

철학자들은 현재만 실제이고 과거와 미래는 실제가 아니며, '실재성'이 현재에서 그다음 현재로 연속적으로 진행한다고 보는 생각을 '현재주의presentism'라 부른다.

시간 n

⋮

시간 3
시간 2
시간 1

7–1 아인슈타인 이전의 시간 구조

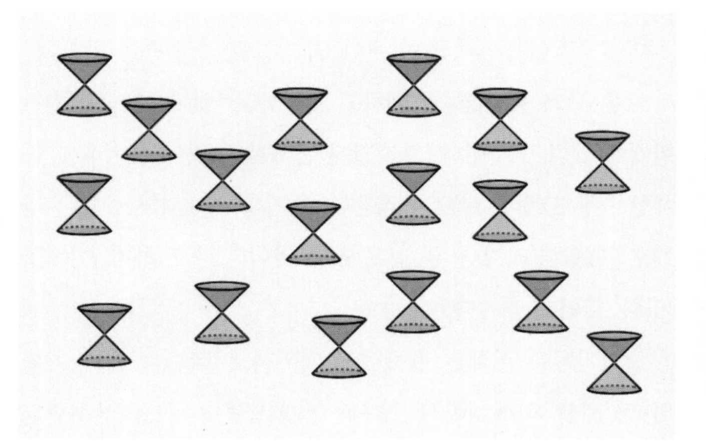

7–2 세상의 시간 구조

이러한 사고방식은 문제가 있는데, '현재'가 전체적으로 규정되지 않고 우리 인근 주변에서만 근사적인 방식으로 규정되면 작동하지 않는다는 것이다. 만약 지금 여기서 멀리 떨어진 곳의 현재가 규정되지 않으면 이 우주 속에서 '실재'하는 것은 무엇일까? 지금 우주에는 무엇이 존재할까?

이전 장들에서 봤던 그림들은 한 가지 이미지로 시공간의 전체적인 진화를 그린 것이다. 유일한 시간이 아니라, 모든 시간들을 함께 나타낸 것이다. 이 그림들은 달리는 사람의 시퀀스 사진, 혹은 긴 세월에 걸쳐 진행되는 이야기가 들어 있는 한 권의 책과 같다. 세상의 일시적인 상태가 아닌, 세상의 가능한 '역사'를 도식적으로 표현한 것이다.

그림 7-1은 아인슈타인 '이전'에 생각하던 시간 구조를 나타낸 것이다. 어떤 시간대에서 '지금' 일어난 실제 사건들의 집합은 그림 7-3의 굵은 선으로 표시된 부분이다.

하지만 세상의 시간 구조를 더 잘 나타내는 것은 그림 7-2이고, 여기에는 '현재'와 같은 것은 전혀 없다. 그렇다면 무엇이 실제의 '지금'일까?

20세기의 물리학은 나에게 분명하게 우리 세상이 '현재주의'라는 방식으로 제대로 설명되지 않는다는 것을 보여주고 있다. 객관적이고 범세계적인 현재는 존재하지 않기 때문이

시간 n

⋮

시간 3
시간 2
시간 1

7-3 지금 일어난 실제 사건들의 집합

다. 최대한 우리가 말할 수 있는 것은 움직이는 관찰자의 관점에서 보는 현재이다. 그런데 이 경우 나에게 실제인 것과 여러분에게 실제인 것이 다르다. 우리는 객관적인 의미로 '실제'라는 표현을 되도록 쓰고 싶어 함에도 불구하고, 실은 그렇지 않은 것이다. 따라서 우리는 세상을 현재들의 연속이라고 생각하면 안 된다.[61]

다른 선택의 길이 있을까?

철학자들은 흐름과 변화가 환상이며, 현재와 과거, 미래가 모두 똑같은 실제이고 똑같이 존재하는 것이라고 보는 생각을

'영원주의'라고 부른다. 영원주의는 앞의 그림들에서 도식화된 시공간 전체가 그 어떤 변화도 없이 온전히 그대로 모두 존재한다는 생각이다. 아무것도 흐르지 않는 것이다.[62]

실재에 대한 영원주의적 사고방식을 옹호하는 사람들은 아인슈타인이 어느 편지에 쓴 유명한 문장을 자주 언급한다.

> 물리학을 믿는 우리 같은 사람들은 과거와 현재, 미래의 구분은 집요하게 계속되는 착시일 뿐이라는 것을 안다.[63]

이 생각은 '블록 우주block universe'라고 불리게 되었다. 이에 따르면, 우주의 역사는 모두 다 똑같이 실재하는 하나의 블록처럼 생각될 필요가 있고, 한 순간에서 다음 순간으로의 흐름은 환상에 지나지 않는다.

이 영원주의, 곧 블록 우주가 세상을 이해하는 데 필요한, 우리에게 남은 유일한 방법일까? 과거와 현재, 미래가 유일한 현재처럼 모두 존재하는 세상을 생각해야 하는 걸까? 아무 변화도 없고 모든 것이 꼼짝도 하지 않는 그런 세상을 생각해야 할까? 변화는 그저 환상일 뿐일까?

나는 전혀 그렇지 않다고 본다. 우리가 이 우주를 통일된

단 하나의 시간 순으로 정리할 수 없다고 해서 아무 변화가 없는 것은 아니다. 그저 여러 변화들이 단일한 시간의 순서에 따라 정리되지 않을 뿐이다. 세상의 시간 구조는 순간들이 단일한 선형 형태로 연속되는 것보다는 훨씬 복잡하다. 그렇다고 이것이 변화가 존재하지 않는다거나 허상이라는 뜻은 결코 아니다.[64]

과거와 현재, 미래의 구분은 허상이 아니다. 이 세상의 일시적 시간 구조다. 그러나 세상의 일시적 시간 구조가 현재주의의 시간 구조는 아니다. 사건들의 시간적 관계는 우리가 예전에 생각한 것보다 훨씬 더 복잡하지만, 복잡하지 않다고 해서 시간적 관계가 없는 것은 아니다. 친밀 관계가 세계의 질서를 만드는 것은 아니지만, 허상으로 만들지도 않는다. 우리 모두가 한 줄로 놓여 있지 않다고 해서, 우리 사이에 그 어떤 관계도 없는 게 아니다. 변화와 사건은 허상이 아니다. 우리가 알아낸 것은 하나의 세계적인 질서에 따라 사건이 발생하지는 않는다는 것이다.[65]

그럼 이제 처음 질문으로 돌아오자. 무엇이 '실재'일까? 무엇이 '존재'할까?

이에 대한 답은 질문 자체가 '모든 것을 뜻할 수도 아무것도 뜻하지 않을 수도 있는 잘못된 질문'이라는 것이다. 왜냐면

'실재'라는 형용사의 의미가 애매해 수많은 뜻을 가질 수 있기 때문이다. '존재한다'는 동사에는 그보다 더 많은 뜻이 있다. "거짓말을 하면 코가 자라는 꼭두각시 인형이 존재할까?"라는 질문에는 답할 수 있다. "당연히 존재한다! 피노키오가 그런 꼭두각시다!" 혹은 "아니다, 존재하지 않는다. 작가 콜로디Collodi, 1826~1890가 만든 환상일 뿐이다."라고 대답할 수 있다. 이 두 대답은, '존재'한다는 동사에 의미를 부여해 사용했기 때문에 모두 맞다.

우리가 어떤 사물이 존재한다고 말하는 방법은 수없이 많다. 법률이나 돌, 국가, 전쟁, 어느 희극의 주인공, 우리가 믿지 않는 어느 종교의 신, 우리가 믿는 종교의 신, 위대한 사랑, 숫자 등……. 이 실체들 모두 다른 실체들과 서로 다른 의미로 '존재'하고 '실재'한다. 우리는 무엇인가가 어떤 의미로 존재하는지 그렇지 않은지 궁금해할 수 있고(피노키오는 문학 작품의 등장인물로서 존재하지 이탈리아 호적부에 등록되어 있지는 않다.), 혹은 어떤 사물이 하나의 결정된 방식으로 존재하는지 아닌지 궁금해할 수 있다.(체스에서 이미 캐슬을 옮긴 적이 있다면, 캐슬링을 더 이상 못하게 하는 규칙이 있는가?) 보통 '무엇이 존재하는지', 혹은 '무엇이 실재인지'를 묻는 것은 동사와 형용사를 어떻게 사용하면 좋은지를 묻는 것일 뿐이다.[66] 이것은 문법적인 질문이지 자연에 관한 질문은 아니다.

자연은 자연 나름대로 존재하고, 우리는 조금씩 천천히 자연을 알아가고 있다. 우리의 문법과 직관이 우리가 알아낸 것과 잘 맞지 않는다면 우리는 맞춰가도록 노력해야 한다.

현대 언어의 문법은 대부분 동사를 '현재'와 '과거', '미래' 시제 형태로 변화시킨다. 그러나 이는 매우 복잡한 세상의 실제 시간 구조에 대해 말하기에는 적절치 않다. 문법은 우리의 한정된 경험에 의해 만들어졌고, 점점 거대한 이 세상의 풍부한 구조를 포착하면서 이러한 문법은 정확하지 않은 것으로 드러났다.

우리의 혼란은 보편적이고 객관적인 현재가 존재하지 않는다는 것을 알게 될 때 오는데, 이는 우리의 언어 문법이 부분적으로만 적절한 '과거-현재-미래'의 절대적 구분으로 조직되어 있는 데서 기인한다. 현실의 구조는 이러한 문법을 전제로 하지 않는다. 우리는 어떤 사건이 '있다'라거나 '있었다', 혹은 '있을 것이다'라고 말한다. 그러나 우리는 어떤 사건이 나와 관련돼 '있었지만' 지금은 너와 관련돼 '있다'라고 말하기에 적합한 문법을 갖고 있지 않다.

문법이 부적절하다고 해서 혼란에 빠지면 안 된다. 고대의 어느 문장에 지구의 구형에 대해 언급한 내용이 있다.

아래에 있는 사람들에게는 위에 있는 사물이 아래에 있고, 아래에 있는 사물은 위에 있고…… 지구 전체 주위가 다 그러하다.[67]

이 문장을 처음 읽으면 반의어들이 혼란스럽게 모여 있는 것처럼 보인다. 어떻게 '위에 있는 사물이 아래에 있고, 아래에 있는 사물은 위에 있는' 것이 가능할까? 단순하게 생각하면 이 문장은 아무 의미가 없다. 마치 《맥베스Macbeth》의 "추악한 것은 아름답고, 아름다운 것은 추악하지."라는 문장과 같은 것이다. 하지만 다시 읽어보면서 지구의 형태와 물리학을 생각하면, 문장의 의미가 드러난다. 글쓴이는 앤티포드(호주)에 사는 사람의 입장에서 '위쪽' 방향은 유럽에 사는 사람에게는 '아래쪽'이고, '시드니에서는' 위에 있는 것이 '유럽에서는' 아래에 있다는 말을 하는 것이다. '위쪽' 방향이 지구 반대 지점에서는 바뀐다는 이야기다. 무려 2천 년 전에 이 문장을 쓴 사람은 자신의 언어와 직관을 새로운 발견, 곧 지구는 공 모양이고 '위'와 '아래'의 의미가 이곳과 저곳에서 서로 다르다는 새로운 발견에 일치시키려 싸우고 있었다. 사실 이 문장을 처음 읽었을 때처럼 '위'와 '아래'는 통합된 보편적인 의미를 갖고 있지 않다.

우리도 같은 상황에 놓여 있다. 우리의 언어와 직관을 새로운 발견, 곧 '과거'와 '미래'의 의미가 보편적이지 않고 이곳과 저곳에서 달라진다는 새로운 발견에 합치시키려 싸우고 있으니 말이다. 다를 것이 하나도 없다.

세상에는 변화가 있고 사건들 사이의 관계들에는 시간 구조가 있다. 이 시간 구조는 환상이 아닌 어떤 것이다. 세계적인 사건도 아니다. 단일한 세계 질서로 설명될 수 없는 지역적이고 복합적인 사건이다.

그렇다면 앞에서 본 아인슈타인의 인용구 '과거와 현재, 미래의 구분은 집요하게 계속되는 착시일 뿐'이라는 문장은 어떻게 된 것일까? 그가 정반대로 생각했던 것처럼 보이지 않는가? 설령 그렇다 해도, 나는 아인슈타인이 이런저런 문장을 썼기 때문에 이 인용구를 마치 신탁神託처럼 받아들여야 한다고 확신할 수 없다. 사실 아인슈타인은 중요한 문제들에 대한 생각을 수차례 바꾸었으며, 종종 그는 서로 모순되는 수많은 잘못된 구절들을 썼다.[68] 그러나 이 경우, 상황은 상당히 단순하거나 아니면 더 심오하다.

아인슈타인은 그의 친구인 미켈레 베소Michele Besso, 1873~1955가 사망했을 때 그 문장을 썼다. 미켈레는 그와 절친한 사이로, 취리히 대학 시절까지 서로 생각을 나누고 대화하는 동료였다. 아인슈타인이 이 문장을 쓴 편지는 물리학자나 철학자들을 염두에 둔 것이 아니다. 마켈레의 가족, 특히 미켈레의 누이에게 쓴 것이었다. 앞 문장에는 이런 글이 있었다.

> 이제 그(미켈레)는 나보다 조금 앞서 이 이상한 세상을 떠났다. 이것은 아무 의미도 없다…….

이 편지는 세상의 구조에 대한 위엄을 보여주려 쓴 편지가 아니라, 형제를 잃고 슬픔에 빠진 마켈레의 누이를 위로하려는 것이었다. 편지엔 미켈레와 아인슈타인, 두 사람의 정신적 대화를 상상하게 만드는 정이 깃들어 있다. 아인슈타인은 이 편지를 평생 친구를 잃은 슬픔을 마주하고, 점점 다가오는 자신의 죽음까지 앞둔 상태에서 썼다. 깊은 정이 담긴 편지는 환상과 무상함을 암시하고 있지만 물리학자들의 시간에 대해서는 언급하고 있지 않다. 이 편지의 내용은 삶을 그대로 담고 있다. 약하고 짧고, 환상으로 가득 찬 인생. 그 구절은 시간의 물리적 본질보다 더 깊은 것을 말하고 있다.

아인슈타인은 1955년 4월 18일, 친구가 죽은 지 한 달 뒤에 사망했다.

08

관계의 동역학

조만간 우리의 시간이 다시 정확하게 계산되면
우리는 아주 힘든 도착지로 항해하는 배 위에 있게 될 것이다.
2권 9편

모든 일은 벌어지지만 시간 변수가 없는 세상을 어떻게 설명할까? 이 세상에는 공통적인 시간도 없고 변화에 특별히 관여하는 방향도 없는 걸까?

뉴턴이 시간 변수가 반드시 필요하다는 것을 우리 모두에게 확신시켜주기 전까지 우리가 세상을 생각했던 방식은 정말 단순했다.

세상을 설명할 때 시간 변수는 필요치 않다. 세상을 설명할 때 필요한 변수는 우리가 인지하고 관찰하여 결국에는 측정할 수도 있는 양이다. 어느 거리의 길이나 나무의 높이, 이마의 온도, 빵의 무게, 하늘의 색, 밤하늘에 걸린 별의 수, 대나무의 탄성, 기차의 속도, 어깨 위에 올린 손의 압력, 상실의 아픔, 시곗바늘의 위치, 수평선에 걸린 태양의 높이 등……. 우리는 세상을 설명할 때 이러한 용어들을 사용한다. 하지만 사물의 양과 특성은 계속 '변화한다'. 그리고 이러한 변화에는 규칙이 있다. 예를 들어 돌은 가벼운 깃털보다 빨리 낙하한다. 달과 태양은 하늘에서 서로의 뒤를 쫓으며 회전하면서 한 달에 한 번 스쳐 지나가고……. 이러한 양들 가운데 다른 것들과 비교될 정도로 규칙적으로 변화하는 양들이 있다. 날짜 계산, 달의 위상들, 수평선 위의 태양의 높이, 시곗바늘의 위치와 같은 것이다. 이러한 값들을 기준점으로 사용하면 편리하다. 예를 들어 약속을 정할 때, 다음 보름달이 뜬 뒤 사흘 후 태양이 하늘에 가장 높이 떠 있을 때 만나자고 한다거나, 내일 시계가 4시 35분을 가리킬 때 만나자고 할 수 있다. 상당한 변수들이 서로서로 충분히 동기화돼 있다면, '언제'를 표현할 때 이들을 사용하면 편리하다.

이 모든 변수 중에서 특별한 변수 하나를 선택해 '시간'이라고 부를 필요는 없다. 과학을 하고 싶다면 변수들이 서로가 서로에 대해 어떻게 변화하는지 설명하는 이론이 필요하다.

즉, 다른 것들이 변화할 때 이것이 어떻게 변화하는가를 설명하는 이론 말이다. 세상에 대한 근본 이론은 분명 이러한 방식으로 만들어진다. 시간의 변수는 필요하지 않고 이 세상 속에서 우리가 보고 있는 사물들이 서로에 대해 어떻게 변화하는지만을 설명해주면 된다. 다시 말해, 이러한 변수들 사이에 무슨 관계가 있는지 설명해주면 되는 것이다.[69]

양자중력의 기본 방정식들은 이와 같은 방식으로 공식화가 잘돼 있다. 즉, 시간 변수 없이 변량들 간에 성립하는 가능한 관계들을 나타내면서 세상을 설명한다.[70]

어떤 시간 변수도 없이 양자중력을 설명하는 방정식이 최초로 작성된 것이 1967년이다. 두 미국 물리학자인 브라이스 디윗Bryce DeWitt, 1923~2004과 존 휠러John Wheeler가 알아낸 이 방정식을 '휠러-디윗 방정식'이라 부른다.[71]

처음에는 시간 변수가 없는 방정식이 무엇을 의미하는지 아무도 이해하지 못했고, 아마 브라이스와 존도 마찬가지였을 것이다.(존 휠러는 "시간에 대한 설명? 존재를 설명하지 않고는 불가능하다! 존재에 대한 설명? 시간을 설명하지 않고는 불가능하다! 시간과 존재 사이에 감춰진 깊은 관계를 밝히는 일? 미래를 위한 과제다."라고 말했다.)[72] 이를 두고 아주 오랫동안 논쟁과 학술 토론회가 펼쳐졌다. 이 내용을 다룬 글에 쏟아부은 잉크로 홍수가 날 지경이었다.[73] 이제 티끌이 모여 많은 부분이 아주 확실해진 듯하다. 더 이상 양자중력 기본 방정식에서 시간의 부재에 대한 의문은 전혀 없다. 이는 단지 근본적인 차원에서 특별한 변수가 존재하지 않는다는 사실의 결과일 뿐이다.

양자중력 이론은 '시간의 흐름에 따른' 변화를 설명하지는 않는다. 사물들이 다른 것들과 관련하여 서로 어떻게 변화하는지,[74] 세상 사물들이 서로서로 어떤 관계를 맺고 있는지를 설명한다. 그것뿐이다.

브라이스와 존은 몇 해 전에 세상을 떠났다. 나는 두 사람 모두와 안면이 있고, 두 사람을 깊이 존경하며 찬사를 바친다. 마르세유 대학에 있는 내 연구실 벽에는 존이 보낸 편지가 걸려 있다. 내가 양자중력 분야에서 처음 연구한 내용들을 보고 그가 보낸 것이다. 가끔 그 편지를 다시 읽어보면 자부심과 그리움이 뒤섞이곤 한다. 만난 적은 몇 번 없지만 묻고 싶은 게 무척 많았다.

내가 마지막으로 존을 만나러 프린스턴에 갔을 때, 나는 그와 오랫동안 산책을 했다. 그의 목소리가 작아서 놓친 말들이 많았는데, 연로한 그에게 자꾸 다시 말해달라고 부탁할 수가 없었다. 이제 그는 이 세상에 없다. 나는 더 이상 질문을 할 수도 없고 내 생각을 이야기할 수도 없다. 그의 생각이 옳은 것 같다고 말할 수도 없고, 그의 생각이 내 평생의 연구를 이끌었다고 말할 수도 없다. 그가 양자중력의 미스터리에 가장 먼저 근접한 사람이었다는 내 생각을 말할 수도 없다. 이제 그는 지금 이곳에 더 이상 없기 때문이다. 이것이 우리의 시간이다. 기억과 추억, 부재의 고통, 그것이다.

그렇다고 고통을 유발하는 것이 부재는 아니다. 고통은 애정과 사랑에서 시작된다. 애정이 없으면, 사랑이 없으면 부재의 고통도 없을 것이다. 결국 부재의 고통도 삶에 의미를 부여하며 성장하는 것이므로 선하고 아름답다.

브라이스는 내가 양자중력을 연구하는 단체를 찾아 런던에 갔을 때 처음 만났다. 당시 나는 어렸고, 이탈리아에서는 아무도 연구하지 않던 이 신비로운 학문에 흠뻑 빠져 있었다. 브라이스는 이 분야 최고의 권위자였다. 내가 크리스 아이샴Chris Isham을 만나러 임페리얼 칼리지Imperial College에 갔을 때 사람들이 그가 꼭대기층 테라스에 있다고 알려주었다. 올라가보니 작은 탁자에 크리스 아이샴과 카렐 쿠처Karel Kuchar, 브라이스 디윗이 앉아 있었다. 그러니까 내가 몇 해 동안 연구해온 개념들에 정통한 주요 인사 세 명이 모여 있었던 것이다. 거기에서 유리창 너머로 그들을 보았는데 진지하게 토론하는 모습이 아주 인상적이었다. 감히 가까이 다가가 방해할 엄두가 나지 않았다. 그때 내 눈에는 그 위대한 세 명의 선사禪師들이 신비한 미소를 지으며 인간은 헤아릴 수 없는 진실을 나누고 있는 듯 보였다. 그들은 아마 저녁을 먹으러 어디 갈지 이야기하고 있었을 것이다.

생각해보면 당시 그들은 지금 내 나이보다 훨씬 더 젊었다. 이런 관점의 이상한 전환도 시간이다. 내 눈에서 이상한 전환 장치 같은 것이 작동한 것이다. 브라이스가 세상을 떠나기 얼마 전에 이탈리아에서 한 긴 인터뷰가 어느 책에 실렸다.[75] 그 인터뷰를 보고서야 그가 내 연구를 아주 신중하게 살펴보았고 호감을 가졌음을 알게 되었다. 우리가 대화할 때 그는 격려보다는 비평을 더 많이 했기 때문에 예상 밖의 일이었다.

존과 브라이스는 내게 정신적 아버지였다. 갈증에 시달리던 내가 그들의 아이디어에서 시원하고 맑은, 마시기 딱 좋은 물을 찾았다. 존과 브라이스에게 감사한다. 우리 인간은 감정과 생각으로 산다. 우리는 같은 공간, 같은 시간에 있을 때 대화를 하고 서로의 눈을 바라보고 피부를 스치면서 감정과 생각을 교환한다. 이런 만남과 교환의 네트워크를 통해 성장한다. 하지만 사실 이러한 교환을 위해 굳이 같은 공간과 같은 시간에 있을 필요는 없다. 서로를 연결하는 생각과 감정들은 바다를 건너는 것도 어렵지 않고 수십 년의 세월을, 어떤 때는 심지어 수 세기를 건너뛸 수도 있다.

이는 얇은 종이 혹은 컴퓨터의 마이크로칩들 사이의 작용과 연결된 덕분이다. 네트워크는 우리 인생의 며칠과 비교도 안 되게 오래 지속되고, 우리 발걸음이 닿는 몇 제곱미터의 공간보다 훨씬 넓다. 우리가 그 네트워크의 일부분이다. 이 책 역시 그러한 직조물의 한 가닥이고…….

얘기가 옆길로 샜는데, 존과 브라이스에 대한 그리움 때문이다. 이번 장에서 하려는 말은 그 두 사람이 세상의 동역학을 설명하는 아주 간단한 구조의 방정식을 찾아냈다는 것이다. 이 방정식은 발생 가능한 사건들과 그 사건들 사이의 상관관계를 설명한다. 다른 것은 없다.

이것이 이 세상에 관한 역학의 기본 형태이며, 여기서 '시간'은 언급할 필요가 없다. 시간 변수가 없는 세상은 복잡한 세상이 아니다. 그것은 상호 연결된 사건들의 그물망이며, 여기에 작용하는 변수들은 우리가 믿기 힘들 정도로 대부분 잘 알고 있는 확률 규칙을 따르고 있다. 산 정상처럼 강한 바람에 날릴 듯하고 아름다움으로 가득 찬 세상, 사춘기 청소년들의 갈라진 입술처럼 아름다운 세상이다.

기초 양자 사건과 스핀 네트워크

내가 연구하는 루프 양자중력 방정식들은[76] 현대판 휠러-디윗 이론이다. 이 방정식들에는 시간 변수가 없다.

이 이론의 변수들은 물질, 광자, 전자, 원자의 기타 구성 요소들을 형성하는 장들과 중력장(다른 장들과 같은 층)을 모두 같은 수준으로 기술한다. 루프 이론은 모든 것이 '통일된 이론'이 아니다. 궁극적으로 과학적인 이론이라고 내세울 수 있을 것 같지도 않다. 일관되지만 독특한 요소들로 구성되고 '그저' 지금까지 우리가 알던 세상에 대한 '일관성 있는' 설명일 뿐이다.

장fields들은 소립자와 광자, 중력 양자(혹은 '공간 양자')와 같은 입자 형태로 나타난다. 이 입자들은 공간 속에 담겨져 있지 않고 오히려 스스로 공간을 형성한다. 세상의 공간성은 입자들 간에 성립하는 상호 작용들의 네트워크에 다름없다.

입자들은 시간 속에 살지 않는다. 끊임없이 서로 상호 작용하며 그러한 상호 작용에 의거해서만 입자들은 진실로 존재한다. 이 상호 작용이 세상의 사건이고, 방향도 없고 선형적이지도 않은 시간의 최소 기본 형태다. 이 상호 작용에는 아인슈타인이 연구한 휘고 매끄러운 기하학도 없다. 그리고 그것은 양자들이 다른 양자와의 상호 작용을 통해 자신을 드러내는 호

혜적 상호 작용이다. 이러한 상호 작용의 동역학은 확률적이다. 어떤 일이 (다른 어떤 일이 일어났을 때) 일어날 확률은 원칙적으로 이론 방정식으로부터 계산 가능하다.

세상에서 일어나는 사건들과 시간의 경과는 언제나 상호 작용하는 그리고 상호 작용과 관련된 물리적 체계에 의해 이루어지기 때문에, 우리가 모든 사건들에 대한 완벽한 지도를 그릴 수도, 완벽한 기하학을 만들어낼 수도 없다. 세상은 서로의 관계 속에 존재하는 관점들의 총체와 같다. '외부에서 본 세상'은 난센스다. 세상에서 '벗어난' 것이란 없기 때문이다.

중력장의 기본 '양자'들은 플랑크 규모로 존재한다. 기본 양자들이 유동적인 캔버스를 조직하는데, 아인슈타인이 이 입자들을 이용해 뉴턴의 절대 공간과 시간을 재해석했다. 공간의 확장과 시간의 길이를 결정하는 것이 이 기본 양자와 이들의 상호 작용인 것이다.

공간적 인접 관계는 공간 양자들을 네트워크로 묶는다. 이것을 '스핀 네트워크'라고 한다. '스핀spin'이라는 명칭은 공간 양자를 기술하는 수학에서 따왔다.[77] 스핀 네트워크 안에 있는 한 개의 고리를 루프loop라 부르고, 여기에서 이론의 명칭도 나왔다. 네트워크는 그 나름대로 비연속적인 점프를 통해 다른 형태로 변화하고, 이론적으로는 '스핀 거품(혹은 회전 거품)'

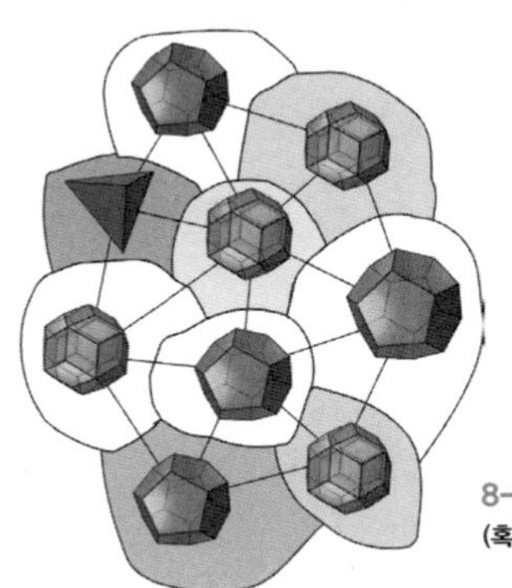

8-1 공간의 기본 입자들의 네트워크 (혹은 스핀 네트워크)의 예상 이미지

이라 부르는 구조로 설명된다.[78]

네트워크 점프들이 큰 규모에서는 조직이 매끄러운 시공간 구조로 나타난다. 반면 작은 규모에서는 이론적으로 떠다니는 변동이 있고 확률적이며, 불연속적인 '양자 시공간'이 된다. 또한 작은 규모에서는 양자들이 대규모로 무리 지어 나타났다 사라지기만 한다.

이것이 내가 합의의 길을 찾기 위해 애쓰는 세상이다. 평범하지는 않지만, 의미가 없는 세상은 아니다.

마르세이유의 내 연구팀은 블랙홀이 양자 단계를 통과하면서 폭발하기까지 소요되는 시간을 계산하고 있다. 이 단계가

8-2 스핀 거품의 예상 이미지

진행되는 동안 블랙홀 내부와 바로 가까이에는 단일한, 그리고 확정적인 시공간이 더 이상 존재하지 않는다. 스핀 네트워크들의 양자 중첩만 남는다. 보통 전자는 방출되는 순간과 탐지 화면에 도착하는 사이에 하나 이상의 지점을 지나면서 확률 구름 속으로 퍼져나갈 수 있다. 이와 유사하게 블랙홀의 시공간도 블랙홀이 양자 붕괴할 때 시간이 격렬하게 요동치고 여러 다른 시간들의 양자 중첩이 일어나는 단계•를 거쳐, 폭발 이후의 확정적인 상태로 돌아간다.

이 중간 단계, 즉 시간이 전반적으로 비확정적인 단계에 어떤 일이 일어나는지를 설명하는 방정식도 있다. 시간이 없는

• 시간들이 비확정적이고 확률적으로 존재하는 상태.

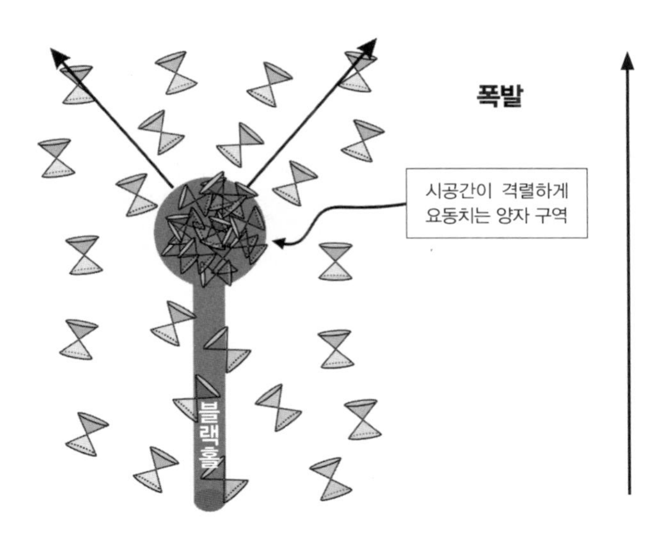

8–3 **블랙홀의 양자 붕괴**

방정식이다. 이것이 루프 이론에서 말하는 세상이다.

물론 나는 이것이 세상에 대한 올바른 설명이라 확신하고 있지는 않다. 하지만 현재 양자적 특성을 무시하지 않고 시공간의 구조를 생각하는, 내가 보기엔 일관되면서 완벽한 방법은 이것뿐이다. 루프 양자중력은 기본적인 공간과 시간 없이 일관성 있는 이론을 쓸 수 있다는 것을 보여준다.(또한 이 중력을 이용하면 질적 상태도 예견할 수 있다.)

이런 종류의 이론에서 이제 공간과 시간은 세상을 담는 틀이나 용기의 형태를 취하지 않는다. 그러한 형태는 양자 동역학의 근사치일 뿐이며, 그 자체만으로는 공간도 시간도 제대로 파악할 수 없다. 오직 사건들과 관계들만이 존재한다. 기초물리학의 시간은 세상에 없다.

3부

시간의 원천

09

시간은 무지

나와 너의 날들의 결과를 묻지 마라, 레우코노에여,
-그것은 우리 위의 비밀이니-
그리고 난해한 계산을 하려 하지 마라.
1권 11편

태어나는 시간과 죽는 시간, 우는 시간, 춤추는 시간, 살생하는 시간, 그리고 치유하는 시간. 그런 시간들이 있다. 파괴를 위한 시간과 건설을 위한 시간도 있다.[79] 여기까지는 시간을 파괴하기 위한 시간이었다. 이제 우리가 경험한 시간을 재건할 시간이다. 시간의 원천을 찾는 것이다. 시간이 어디에서 온 것인지 파악해보자.

이 세상의 기본 동역학에서 모든 변수가 동등하다면 인간이 '시간'이라고 부르는 것은 무엇일까? 내 시계는 무엇을 측정하는 걸까? 항상 앞으로만 가고 결코 뒤로 가지 않는 것은 무엇이며, 왜 그런 걸까? 그런 것은 세상의 기본 문법에 없을지도 모른다. 그렇다면 시간은 대체 무엇일까?

세상의 기본 문법에는 포함되지 않지만 그냥 어떤 식으로든 '등장'하는 것이 상당히 많다. 예를 들면 이런 것들이다.

- 고양이는 우주의 기본 요소에 포함되지 않는다. 지구 곳곳에서 불쑥 '등장'하기를 반복하는 복잡한 것이다.
- 풀밭에 있는 청소년 무리. 이들은 무슨 게임을 할지 결정하고 팀을 짠다. 우리는 이렇게 했었다. 무리 중에서 가장 적극적인 친구 두 명이 차례로 팀원을 선택하고 홀짝 맞추기로 어느 편이 먼저 게임을 시작할지 정했다. 이 지루한 과정이 끝나야 두 팀이 만들어졌다. 이 과정 전에 두 팀은 어디에 있었을까? 그 어디에도 없었다. 팀을 정하는 과정에서 등장한 것이다.
- '위'와 '아래'는 우리에게 아주 익숙하지만 세상의 기본 방정식에는 없다. 그렇다면 어디서 온 걸까? 우리 주위에서 끌어당기는 땅에서 오는 것이다. '위'와 '아래'는 우주의 어떤 상황에서, 예를 들어 근처에 질량이 큰 무엇인가 있을 때 '등장'한다.

- 높은 산에 오르면 흰 구름에 덮인 계곡이 보인다. 구름 표면은 하얗게 빛이 난다. 계곡 쪽으로 걸어가보자. 공기가 점점 습해지고 뿌옇게 흐려진다. 하늘은 이제 더 이상 푸르지 않고 어느새 구름이 듬성듬성 낀 곳에 다다른다. 선명한 구름 표면은 어디로 간 걸까? 사라졌다. 사라지는 과정은 점진적으로 나타나고, 안개와 고지대의 깨끗한 공기를 구분하는 '표면' 따위는 없다. 아까 본 것은 환영인가? 아니다, 멀리서 보았던 광경이다. 잘 생각해보면, '모든' 표면이 그렇다. 단단한 대리석 탁자는 내가 원자 정도의 작은 크기가 된다면, 안개처럼 보일 것이다. 가까이 가서 보면 세상 사물들이 '모두' 뿌옇게 보일 것이다. 산이 사라지고 평원이 시작되는 곳은 정확히 어디일까? 어디서 사막이 끝나고 사바나가 시작될까? 우리는 세상을 커다란 조각으로 잘라놓았다. 우리는 세상이, 중요한 개념들이 상당한 규모로 '등장'하는 곳이라고 생각한다.
- 하늘이 매일 우리 주위를 도는 것처럼 보이지만, 사실 회전을 하는 것은 우리다. 그렇다면 회전하는 우주의 일상적인 모습이 '환영'일까? 아니다, 실재하는 것이다. 그리고 이것은 우주만 그런 것이 아니다. 태양이나

> 별과 '우리'의 관계도 마찬가지다. '우리'가 어떻게 움직이는지 살펴보다가 알게 된 것이다. 우주의 움직임은 우리와 우주의 관계에 의해 '나타난다'.

위의 예에서 실재하는 어떤 것(고양이, 게임팀, 위와 아래, 구름의 표면, 우주의 회전)은 고양이도, 게임팀도, 위나 아래도, 구름의 표면도, 우주의 회전도 없을 정도로 극히 단순한 수준의 세상으로부터 '등장'한다. 시간은 위의 모든 예와 마찬가지로 시간이 없는 세상에서 등장한다.

시간의 재구성에 대해서는 여기부터 시작해서 이번 장과 다음 장, 짧지만 전문적인 내용을 담은 두 개의 장에서 다룰 것이다. 이런 내용에 관심이 없으면 11장으로 곧바로 넘어가도 괜찮다. 11장부터는 좀 더 인간적인 내용에 한 걸음씩 다가갈 것이다.

열적 시간

열 분자들의 격렬한 혼합 과정을 보면, 변화할 수 있는 모든 변수가 실제로 계속해서 달라진다. 그러나 하나는 달라지지 않는다. 바로 고립계 자체의 총 에너지다. 에너지와 시간은 밀접한 관계가 있다. 에너지와 시간은 위치와 운동량, 회전 방향과 각운동량처럼 물리학자들이 '켤레'라 부르는 독특한 물리량의 쌍을 형성한다. 이 커플들의 두 항은 다음의 두 가지 의미에서 서로 묶여 있다. 하나는 어떤 계의 에너지[80]가 무엇인지 아는 것(달리 말해, 에너지가 계의 다른 변수들과 어떻게 관련돼 있는지를 아는 것)은 시간이 어떻게 흐르는지를 아는 것과 같다. 왜냐면 시간에 따른 변화를 다루는 방정식들이 에너지의 형식으로부터 따라 나오기 때문이다.[81] 다른 하나는 에너지가 시간의 흐름 속에 보존되기 때문에 다른 모든 것이 변화할 때조차 에너지는 변화할 수 없다. 계가 열교란 상태에 있을 때, 그 계는[82] 동일한 에너지를 갖는 모든 배열들을 거쳐 지나간다. 이 배열들(미시적이기에 우리의 흐릿한 거시적인 관점에서 보면 구분이 안 되는 배열들)의 집합은 '(거시적) 평형 상태'이다. 잔잔한 상태의 뜨거운 물 한 컵이 바로 이런 상태이다.

시간과 평형 상태의 관계를 해석하는 보통의 방법은 시간을 절대적이고 객관적인 것으로 보는 것이다. 그리고 에너지는 계의 시간에 따른 변화를 관장하고, 평형 상태에 있는 계는 동일한 에너지를 가진 모든 배열들을 혼합하게 된다. 이러한 관계를 해석하는 종래의 논리는 다음과 같다.

시간 → 에너지 → 거시적 상태[83]

거시적인 상태를 정의하기 위해서는 에너지를 알아야 하고, 에너지를 정의하기 위해서는 시간이 무엇인지 먼저 알 필요가 있다. 이 논리에 따르면 시간이 우선이고 다른 모든 것들에 독립해 있다.

그런데 이 관계를 해석하는 또 다른 방법이 있다. 반대로 읽는 것이다. 말하자면 거시적 상태, 곧 세상에 대한 흐릿한 시각을 말할 뿐인 거시적 상태는, 에너지는 보존하면서 이 에너지가 결국에는 시간을 생성하는 하나의 혼합으로 해석될 수 있다고 보는 것이다. 요약하면 다음과 같다.

거시적 상태 → 에너지 → 시간[84]

이러한 관찰은 새로운 시야를 열어준다. '시간'과 같이 어떤 특권을 가진 변수가 전혀 없는 기본 물리계에서는, 다시 말해 모든 변수들이 사실상 동등한 수준에 있고 그것들에 대해 오직 거시적 상태들을 통해 흐릿하게만 알 수 있는 기본 물리계에서는, 하나의 거시적인 일반 상태가 하나의 시간을 '결정'하는 것이다.

중요하기에 다시 반복해서 말하면, 하나의 거시적 상태(상세한 사항들을 무시한 상태)가 시간의 어떤 특성들을 지닌 특별한 변수를 선택하는 것이다.

바꿔 말하면, 시간은 흐릿함의 효과로 간단하게 결정되어진다. 볼츠만은 한 잔의 물속에 우리가 보지 못하는 미시적 변수들이 무수히 존재한다는 사실로부터, 열의 거동이 흐릿함을 알아냈다. 여기서 물에 대한 가능한 모든 미시적 배열들의 '수'가 바로 엔트로피다. 그런데 사실 흐릿함 자체가 특별한 변수인 시간을 결정하는 경우도 있다.

상대론적 물리학에서는 그 어떤 변수도 '선험적으로' 시간의 역할을 하지 않는다. 여기서 우리는 거시적 상태와 시간의 흐름의 관계를 뒤바꿀 수 있다. 시간의 흐름이 거시적 상태를 결정하는 것이 아니라, 흐릿한 거시적 상태가 시간을 결정하는 것이다. 이렇게 거시적 상태에 의해 결정된 시간을 '열적 시간'이라 부른다. 이것은 어떤 의미의 시간일까?

미시적 관점에서 열적 시간은 특별할 것이 전혀 없고 그저 하나의 변수일 뿐이다. 그러나 거시적 관점에서는 중요한 특징을 지닌다. 모든 동등한 수준에 있는 수많은 변수들 중 열적 시간은 우리가 일반적으로 '시간'이라 부르는 변수와 가장 유사한 행동 방식을 지닌 시간이다. 왜냐면 열적 시간과 거시적 상태의 관계는 우리가 아는 열역학과 정확히 일치하기 때문이다.

그러나 열적 시간이 보편적인 시간은 아니다. 거시적 상태, 즉 흐릿함에 의해 결정되어 아직 이에 대한 설명이 불완전하기 때문이다. 다음 장에서 이 무초점의 기원에 대해 논하겠지만, 그 전에 양자역학을 생각하면서 한 가지 더 살펴보기로 하자.

양자 시간

로저 펜로즈Roger Penrose, 1931~는[85] 공간과 시간을 연구한 과학자들 중 가장 빛나는 학자 중 한 사람이다. 그는 상대성에 관한 물리학이 시간의 '흐름'에 대한 우리의 경험과 양립 가능하지 않는 것은 아니나 이를 설명하기에 충분치 않아 보인다고 결론지었다. 그리고 양자 상호 작용 속에서 일어나는 현상을 우리가 놓치고 있을지도 모른다고 지적했다.[86] 프랑스의 위대한 수학자 알랭 콘Alain Connes, 1947~은 시간의 기원과 관련하여 양자 상호 작용의 중요한 역할에 주목하였다.

상호 작용이 분자의 '위치'를 고정시키면, 분자의 상태가 변화한다. 분자의 '속도'에서도 마찬가지다. 속도가 '먼저' 고정되고 그 '이후에' 위치가 고정되면, 분자의 상태는 두 사건이 역순으로 발생할 때와 '다른 방식으로' 변화한다. 순서가 중요하다. 만약 내가 전자의 위치를 먼저 측정하고 속도를 그

후에 측정하면, 속도를 먼저 측정하고 그다음에 위치를 측정했을 때와 다른 방식으로 전자의 상태를 바꾸게 되는 것이다.

이렇게 위치와 속도가 '교환되지 않는 것', 즉 아무 영향 없이 위치와 속도의 순서를 서로 바꿀 수 없는 것을 양자 변수의 '비가환성'이라 부른다. 이 비가환성은 양자역학의 특징적인 현상 중 하나다. 비가환성은 두 물리적 변수를 측정함에 있어서 순서, 즉 시간성의 기원을 결정한다. 물리적 변수를 측정하는 일은 고립된 행동이 아니며 상호 작용을 포함한다. 이 상호 작용의 영향은 측정 순서에 따라 달라지며, 이 순서는 시간 순서의 기본 형태이다.

상호 작용의 영향이, 세상의 시간 순서의 기반을 형성하는 상호 작용이 일어나는 순서에 달려 있다는 것은 아마도 사실일 것이다. 알랭 콘은 기본 양자 전이에서, 시간성이 이러한 상호 작용들이 자연스럽게 (부분적으로) 정렬돼 있다는 사실에 기반 한다는 흥미진진한 아이디어를 제시했다.

알랭 콘은 이 아이디어의 정교한 수학적 버전도 제공했다. 시간의 흐름과 같은 것은 물리적 변수들의 비가환성에 의해 암묵적으로 정의된다는 것을 보여주었다. 비가환성으로 인해 한 계에서 물리적 변수들의 집합은 '폰 노이만Von Neumann 비가환 대수'라는 수학적 구조를 보인다. 그리고 이러한 구조 자체

에 어떤 흐름이 암묵적으로 정의돼 있다는 것이다.[87]

놀랍게도 알랭 콘이 정의한 양자계에서의 흐름과 내가 앞서 논의한 열적 시간은 매우 밀접한 관계에 있다. 알랭 콘은 양자계에서 다양한 거시적 상태들에 의해 결정되는 열의 흐름들은 동등하며 일정한 내부 대칭에 이르고,[88] 이 열 흐름들은 함께 모여 정확히 알랭 콘의 흐름을 만든다는 것을 보여주었다.[89] 간단히 말해, 거시적 상태에 의해 결정된 시간과 양자의 비가환성에 의해 결정된 시간은 동일한 현상의 양상들이라는 것이다.

내 생각에는[90] 근본 수준에서 시간 변수가 존재하지 않는 실제 우주에서 이 열적 시간(혹은 양자 시간)이 우리가 '시간'이라 부르는 변수가 된다.

사물 속 양자의 본질적인 비결정성이 볼츠만의 희미함처럼 (고전 물리학에서 제시하는 바와는 반대로) 이 세상에 대한 예측 불가능성은 유지될 수밖에 없다는 희미함을 만든다. 우리가 측정 가능한 모든 것을 측정할 수 있다 해도 말이다.

희미함의 두 원천, 즉 양자 비결정성과 물리계가 엄청난 수의 분자들로 구성돼 있다는 사실 모두 시간의 핵심이다. 시간성은 희미함과 깊이 연결되어 있다. 희미함은 우리가 세상의 미시적인 세부 사항들을 모르고 있다는 사실에 기인한다. 결국 물리학의 시간은 세상에 대한 우리 무지의 표현이다. 시간은 무지인 것이다.

알랭 콘은 두 친구와 짧은 공상과학 소설을 썼다. 주인공 샤를로트Charlotte가 잠깐 동안 세상에 대한 모든 정보를 희미하지 않게 얻게 된다는 내용이다. 샤를로트는 시간 저 너머의 세상을 직접 '보는' 경지에 이른다. "나는 특정한 순간이 아니라 나의 존재 일반에서 내 존재의 세계적 비전을 경험하는 전대미문의 행운을 가져봤다. 나는 그 누구도 이의를 제기하지 않는 공간에서 내 존재의 유한성과, 많은 분노의 원천인 시간에서 내 존재의 유한성을 비교할 수 있었다."

그러고 나서 시간으로 돌아간다. "나는 양자 무대에서 생성된 무한한 정보를 모두 잃은 듯한 느낌이 들었고, 이 정보의 상실만으로도 시간의 강 속으로 속수무책 끌려 들어갈 수밖에 없었다." 이로부터 샤를로트에게 시간의 감정이 싹튼다. "시간의 등장은 나에겐 정신적 혼란, 근심, 두려움, 소외의 근원인 침범과도 같았다."[91]

실재에 대한 우리의 희미하고 불확실한 이미지가 열적 시간이라는 변수를 결정한다. 그 변수는 분명 우리가 '시간'이라 부르는 것과 닮은 어떤 독특한 특성을 지니고 있고, 평형 상태와 올바른 관계에 놓여 있다.

열적 시간은 열역학, 그러니까 열과 관련이 있지만, 우리가 경험하는 시간과는 유사하지 않다. 과거와 미래를 구분하지 않고 방향도 없으며 우리가 흐름이라 말할 때 부여하는 의미도 없기 때문이다. 우리는 아직 우리가 경험하는 시간에 이르지 못했다.

우리 마음속에 깊이 자리하고 있는 과거와 미래의 차이, 그것은 어디서 비롯되는 걸까?

10

관점

그의 지혜를 꿰뚫어볼 수 없는 밤에
신은 다가올 날들의 끝을 닫고
두려워하는 우리 인간을 보고 웃는다.
3권 29편

과거와 미래의 전반적 차이는 세상의 엔트로피가 과거에 낮았다는 사실에 전적으로 기인할 수 있다.[92] 엔트로피가 과거에는 왜 낮았을까?

이번 장에서는 이 문제에 답을 줄 수 있는 하나의 생각을 설명할 것이다. 내가 제시하는 대답이 어쩌면 과장될지 모르겠지만 잘 들어보면 그럴 법하게 보일 것이라 믿는다.[93] 물론 내 답이 정답이라고 확신할 수는 없다. 그러나 이는 내가 매혹됐던 생각이다.[94] 어쨌든 많은 것들이 분명해질 것이다.

돌고 있는 것은 우리다!

인간이 구체적으로 무엇이든 간에, 우리는 자연의 조각들이고, 우주라는 거대한 프레스코화를 채우는 일부분이며, 수많은 것들 중 아주 작은 조각에 지나지 않는다.

우리와 세상의 나머지(우리를 제외한 모든 세상) 사이에는 물리적 상호 작용들이 있다. 정확히 말하면 세상의 '모든' 변수가 우리나 우리가 속한 세상의 한 조각과 상호 작용을 하는 것은 아니다. 그 변수들 중 극히 '일부'만 상호 작용을 하고 대부분은 우리와의 상호 작용이 전혀 없다. 변수도 우리를 알아보지 못하고, 우리도 변수를 알아채지 못한다. 세상의 배열이 분명이 다른 배열들임에도 우리에게는 동등하게 보이는 이유가 이것이다. 나와 물 한 컵(세상의 두 조각) 사이의 물리적 상호 작용은 각 물 분자의 움직임과는 무관하다. 마찬가지로, 나와 멀리 떨어져 있는 은하(세상의 두 조각) 사이의 물리적 상호 작용은 저 밖에서 벌어지는 자세한 일들을 무시한다. 그래서 세상에 대한 우리의 시각은 희미하다. 왜냐면 우리가 속해 있는 세상의 일부와 나머지 세상 사이의 물리적 상호 작용이 수많은 변수들에 대해 여전히 깜깜하기 때문이다.

이러한 희미함이 볼츠만 이론의 핵심이다.[95] 이 희미함에서 열과 엔트로피의 개념들이 탄생되고, 이 개념들은 시간의 흐름을 규정하는 현상들과 연결돼 있다. 하나의 계의 엔트로피는 확실히 희미함에 달려 있다. 엔트로피가 내가 '알아채지 못한 것'에 영향을 받는 이유는 '구별할 수 없는' 무수한 배열들에 의해 엔트로피가 결정되기 때문이다. '동일한' 미시적 배열이 어떤 희미함에 대해선 엔트로피가 높을 수 있고, 또 다른 희미함에 대해선 낮을 수 있다. 이는 희미함이 정신적인 구조라고 말하는 것이 아니다. 이 희미함은 실제로 존재하는 물리적 상호 작용의 영향을 받는다.[96] 엔트로피는 임의의 주관적인 양이 아니다. 속도처럼 '상대적인' 양이다.

물체의 속도는 물체 자체의 성질이 아니다. 다른 물체와의 관계 속에서 맺어진 물체의 성질이다. 달리는 기차 위에서 뛰어다니는 어린아이의 속도는 기차에 대해서는 작은 값(초당 몇 걸음)을 갖고 지상에 대해서는 또 다른 값(시간당 100킬로미터)을 갖는다. 엄마가 아이에게 "가만히 있어!"라고 한다고 해서, 아이가 기차 창문으로 뛰어내려 '지상과의 관계 속에서 그곳에' 멈추어야 하는 것은 아니다. '기차와의 관계 속에서' 아이가 멈추어야 한다는 뜻이다. 속도는 다른 물체와의 관련 속에서 한 물체가 갖는 특성이다. 상대적인 양인 것이다.

엔트로피도 마찬가지다. B와 관련 있는 A의 엔트로피는 A와 B 사이에 '물리적' 상호 작용들이 구분하지 않는 A의 배열 수를 계산한다.

자주 혼란을 일으키는 이 부분이 명확해지면, 시간의 화살에 숨겨진 신비에 대한 매혹적인 답이 열리게 된다.

'세상'의 엔트로피는 세상의 배열에 의해서만 결정되지 않는다. 우리가 세상을 희미하게 하는 방법에 의해서도 달라지고, '우리'와 상호 작용하는 세상의 변수들이 무엇인지에 의해서도 영향을 받는다. 즉, 세상의 엔트로피는 세상에서 우리가 속한 부분과 상호 작용하는 변수들의 영향을 받는다.

아주 먼 과거 세상의 엔트로피는 우리에게 매우 낮게 나타난다. 그러나 이 엔트로피는 세상의 상태를 빈틈없이 그대로 반영한 것이 아니다. 세상의 변수들 가운데 물리계로서 '우리'와 상호 작용해온 일부 변수들의 집합만을 고려한 것일 수 있다. 우리가 세상과 상호 작용하면서 세상을 설명할 때 기술하는 거시적 변수들의 수가 너무 적기 때문에 극적인 희미함이 발생할 수 있고, 이와 관련하여 우주의 엔트로피가 낮다는 것이다.

이러한 '사실'은 과거에 우주가 매우 독특한 배열 상태에 있지 않았다는 가능성을 뒷받침해준다. 대신 우리와, 우주와 우리의 상호 작용이 아마도 특별한 것이다. 우주의 특별한 거시적 상황을 설명하는 것은 우리다. 우주 초기의 낮은 엔트로피, 즉 시간의 화살은 우주보다는 '우리'로 인한 것일 수 있다. 이것이 내 생각이다.

이를 뒷받침하는 가장 유력하고 확실한 현상 중 하나가 낮 동안 이루어지는 하늘의 순환이다. 이에 대해 생각해보자. 우리 주변의 우주에서 관찰할 수 있는 가장 즉각적이고 장대한 특징이 바로 회전이다. 그런데 정말 이 회전이 우주의 특징일까? 아니다. 인간은 수천 년 동안 우주를 연구했고, 결국 하늘의 순환에 대해 알게 되었다. 회전하는 것은 우주가 아니라 '우리'라는 것을 알게 된 것이다. 하늘이 회전하는 것처럼 보이는 것은 우주의 신비로운 역동성의 특징이 아니라, 우리의 독특한 이동 방식에서 기인한 관점 효과 때문이다.

시간의 화살도 마찬가지일 수 있다. 우주 초기의 낮은 엔트로피는 우리가 우주와 상호 작용을 하는 특별한 방식(우리가 속한 물리 체계)에 의한 것일 수 있다. 우리는 우주의 양상들 가운데 일부의 특별한 집합과 잘 조화를 이루고 있는데, '이 집합'이 시간에 맞춰져 있다.

우리와 나머지 세상 사이의 특별한 상호 작용이 어떻게 낮은 초기 엔트로피를 결정하는 것일까?

간단하다. 붉은색 카드 6장과 검은색 카드 6장, 총 12장의 카드를 준비해보자. 붉은색 카드 6장이 앞쪽에 오도록 정리한다. 카드를 섞은 뒤, 카드가 섞이면서 붉은색 카드 6장 사이에 끼어 들어간 검은색 카드들을 찾아보자. 카드를 섞기 전에는 처음 6장의 붉은색 카드 사이에서 전혀 찾아볼 수 없던 검은색 카드가 많이 보이게 될 것이다. 엔트로피의 증가를 보여주는 간단한 예다. 카드를 섞기 전에는 붉은색 카드 6장 사이에서 검은색 카드의 수가 0이다.(엔트로피가 낮다.) 이때는 '특별한' 배열 상태인 것이다.

이번에는 다른 게임을 해보자. 카드를 아무렇게나 섞은 후, 앞쪽에 있는 6장의 카드를 보고 머릿속에 기억해두자. 카드를 조금 섞은 후 처음 6장의 카드 사이에 들어간 나머지 다른 카드들을 찾아보자. 먼저 했던 카드 섞기에서처럼, 처음엔 카드들 사이에 전혀 포함되어 있지 않던 다른 카드들이 점점 많이 나타나고 엔트로피도 증가한다. 하지만 지금의 카드 섞기 사례는 앞선 카드 섞기 사례와 중대한 차이가 있다. 카드 섞기를 시작할 당시 카드들이 '무작위로' 배열되어 있었다는 점이다. 그러나 처음에 '여러분'이 앞쪽 부분에 어떤 카드들이 있었는지를 기록해두었기 때문에, 이 카드의 배열은 그것들을 매우 특별한 배열로 선언되었다. 엔트로피가 적은 상태인 것이다.

똑같은 일이 우주의 엔트로피에도 발생할 수 있다. 아마 우주도 특별하게 배열되어 있지 않았을 것이다. 어쩌면 우리가 속해 있는 독특한 물리계와 관련해서만 우주의 상태는 특별할 수 있다.

그런데 이렇게 우주의 초기 배열을 특별한 것으로 만드는 관련된 물리계가 왜 있어야만 하는 걸까? 왜냐면 우주의 방대함 속에는 물리계들이 무수히 많고, 이들이 서로 무수히 많은 방식으로 상호 작용을 하기 때문이다. 그중에서도 확률과 큰 수의 끝없는 게임을 통해 볼 때, '정확하게' 과거에 특별한 값을 지녔던 변수들을 가지고 우주의 나머지 부분과 상호 작용을 하는 일부 물리계들은 확실히 있게 마련이다.

매우 방대한 우주에는 '특별한' 부분 집합들이 있는 것이 당연하다. '누군가' 복권에 당첨된다 해도 놀랄 것이 없다. 누군가는 매주 당첨되기도 한다. 우주 전체가 과거에 믿을 수 없을 정도로 하나의 '특별한' 배열 상태에 있었다고 생각하는 것은 자연스럽지 않지만, 우주에 '특별한' 부분이 있다는 생각은 전혀 이상할 것이 없다.

이러한 의미에서 만약 우주의 어느 부분이 특별하다면, 이 부분의 관점에서 과거에 우주의 엔트로피는 낮고 열역학 제2법칙이 성립하게 된다. 기억이 존재하고 흔적이 남으며, 삶과 사고의 진화가 일어날 수 있다.

다시 말해, 우주에 이와 유사한 무엇인가 있다면(내 생각에는 존재하는 것이 당연하다.), 우리는 그 무엇인가에 속한다. 여기서 '우리'는 우리가 종종 접근하고 우주를 설명할 때 사용하는 물리적 변수들의 집합을 의미한다. 그러니까 시간의 흐름은 우주의 특징이 아닐 수 있다. 하늘의 회전처럼, 우주의 한 모퉁이에 박혀 있는 우리가 갖고 있는 특별한 관점에 기인하는 것이다.

그러면 왜 '우리'는 '이러한' 특별한 계들 가운데 하나에 속해야 하는 걸까?

사과주를 마시는 북유럽에서는 사과가 자라고, 포도주를 마시는 남유럽에서는 포도가 자라는 것과 같은 이유이다. 혹은 사람들이 나의 모국어로 말하는 곳에서 내가 태어났다거나, 혹은 우리를 따뜻하게 해주는 태양은 우리와 너무 멀지도 가깝지도 않은 적당한 거리에 놓여 있다고 하는 것과 같은 이유이다. 이 모든 예에는 인과관계를 혼동하여 발생한 '이상한' 우연이 있다. 사람들이 사과주를 마시는 곳에서 사과가 자라는 것이 아니라, 사과가 자라는 곳에서 사람들이 사과주를 마시는 것이다. 이렇게 설명하면 이상할 것이 전혀 없다.

우주의 방대한 다양성 속에는 낮은 초기 엔트로피를 정의하는 특별한 변수들을 통해 세상과 상호 작용하는 물리계들이 있을 수 있다. '이러한' 계들과 관련하여 엔트로피는 지속적으로 증가한다. 시간의 흐름과 관계있는 전형적인 현상들은 아무 곳이 아니라 바로 이런 곳에 있다. 진화와 더불어 시간의 흐름에 대한 우리의 생각과 자각, 그리고 삶이 있을 수 있다. 또한 그곳에는 사과주를 만드는 사과가 자라고 있고, 시간도 있고, 삶의 모든 단맛과 쓴맛을 담은 달콤한 주스도 있다.

지표성

과학 연구를 할 때 우리는 가능한 한 가장 객관적인 방식으로 세상을 기술하려 한다. 우리의 관점에서 파생되는 왜곡이나 착시 현상을 없애려 노력한다. 과학은 객관성을 추구하며, 동의할 수 있는 관점을 공유한다.

매우 감탄할 만하지만, 관찰자의 관점을 무시함으로써 우리가 잃게 되는 것도 경계해야 한다. 객관성에 집착하다가 우리의 세상 경험이 내면에서 비롯된다는 사실을 잊어서는 안 된다. 우리가 이 세상에 던지는 모든 시선은 어쨌든 특별한 관점에서 만들어진 것이다.

이러한 사실을 알고 있으면 수많은 일들이 명확해진다. 예를 들어 지도에서 가리키는 것과 우리가 직접 본 것의 관계가 확실해진다. 지도와 우리가 본 것을 비교하려면 중요한 정보를 추가해야 한다. 지도상에 우리의 정확한 위치를 표시해야 하는 것이다. 적어도 지도가 표현한 장소에 우리가 고정돼 있지 않을 때, 지도는 우리가 있는 곳을 모른다. 예를 들어 산간 지역에 가면 볼 수 있는, 샛길까지 표시되고 붉은 점 옆에 '당신의 위치'라고 적힌 지도가 그런 것이다.

그런데 참 이상한 문구다. 지도는 우리가 어디에 있는지 어떻게 알 수 있을까? 우리는 '당신의 위치'가 아닌 먼 곳에서 망원경으로 멀리서 그 지도를 볼 수도 있다. 그렇다면 붉은 점 옆에 화살표를 표시하여 "나 여기에 있다."라고 말해야 한다. 그런데 자기 자신을 언급하는 텍스트에 대해 궁금한 점도 있다. 그것은 무엇일까?

바로 철학자들이 '지표성'이라 부르는 것이다. 지표성은 사용할 때마다 다른 의미를 갖는 어떤 단어들의 특성을 일컫는다. 언어의 의미가 어디서 어떻게, 언제, 누가 말했느냐에 따라 결정되는 것이다. '여기', '지금', '나', '이것', '오늘 밤' 등과 같은 말은 말하는 주체와 말하는 주체의 환경에 따라 다른 의미로 쓰일 수 있다. 내가 "내 이름은 카를로 로벨리입니다."라는 문장을 말하면 진실이지만, 카를로 로벨리라고 불리는 다른 사람이 말한다면 아마 거짓일 것이다. '지금은 2016년 9월 12일이다.'라는 문장은 내가 지금 이 글을 쓰고 있는 시점에서는 진실이지만, 몇 시간 뒤면 거짓이 된다. 이러한 지표적 문장들은 관점이 존재하고 있고, 관찰 가능한 세계에 대한 모든 설명에 이러한 관점이 포함된다는 사실을 명시적으로 언급하고 있다.

공간과 시간, 주체의 관점을 무시하고 순전히 '외부로부터' 세상을 설명한다면, 수많은 것을 말할 수 있겠지만 세상의 중요한 어떤 측면들은 간과하게 된다. 우리에게 주어진 세상은 외부에서 본 세상이 아니라 내부에서 본 세상이기 때문이다.

관점의 역할을 고려한다면 우리가 본 수많은 것들은 이해될 수 있다. 만약 그렇게 하지 않는다면 그것들은 이해할 수 없는 채로 남는다. 어떤 경험을 하든 우리는 이 세상 안에서 마음과 뇌, 공간의 어느 지점, 시간의 어느 순간 안에 있다. 세상 속에 우리가 존재한다는 것이 시간에 관한 우리의 경험을 이해하는 데 근본적이다. 우리는 '외부에서 본' 세계의 시간 구조와 우리가 보는 세상의 측면, 즉 우리가 세상 안에 세상의 일부로 존재함에 따라 달라지는 세상의 측면을 혼동해서는 안 된다.[97]

지도를 사용하려면 외부에서 그것을 보기만 해서는 안 된다. 지도에 나타난 공간 중 나의 위치를 알아야 한다. 공간적 경험을 파악할 때도 뉴턴의 공간만 생각해선 안 된다. 우리는 그 공간을 우리가 위치한 공간의 내부에서 본다는 것을 기억

해야 한다. 시간도 외부에서만 시간을 생각하는 것으로는 충분치 않다. 경험하는 매 순간 우리가 시간 '내부에' 위치해 있었음을 이해하는 것이 필요하다.

우리는 우주의 수많은 변수들 가운데 극히 일부분과 상호 작용을 하면서, 그 안에서 우주를 관측한다. 우리가 본 것은 희미한 이미지다. 이 희미함은 우리와 상호 작용하는 우주의 동역학이 희미함의 양을 측정하는 엔트로피에 의해 좌우된다는 것을 암시한다. 우주보다는 우리와 관련된 것을 측정하는 것이다.

우리는 지금 위험할 정도로 우리 스스로에게 가까이 다가가고 있다. 어디선가 《오이디푸스 왕》에서 티레시아스Tiresias가 "멈춰요! 그렇지 않으면 당신 자신을 찾게 될 거예요."라고 말하는 소리가 들리는 것 같다. 또 한편으로는 빙엔의 힐데가르트Ildegarda of Bingen가 12세기에 절대자를 찾다가 '보편적 인간'을 우주의 중심에 놓았다는 이야기도 떠오른다.

그런데 '우리'에 대해 다루기 전에, 어떻게 엔트로피의 증가가 (아마도 관점의 효과일 뿐인데) 전반적이고 방대한 시간 현상을 일으킬 수 있었는지를 보여주는 별도의 장이 필요하다. 여기까지 읽는 동안 독자들이 벌써 다 떨어져 나가지 않았기를 바라면서 지난 두 장에서 다룬 난해한 내용들을 다시 요약

10–1 빙엔의 힐데가르트(1098~1170)의 《신성한 책Liber Divinorum Operum》 중 우주의 중심에 있는 보편적인 인간

해볼 것이다. 근본적인 수준에서 세상은 시간의 질서를 갖지 않은 사건들의 집합이다. 이 사건들은 '선험적으로' 동일한 수준에 있는 물리적 변수들 사이의 관계를 나타낸다. 세상의 각 부분은 모든 변수들 가운데 일부만으로 서로 상호 작용을 하는데, 이 변수들의 값이 '특별한 부분 계와 관련하여 세상의 상태'를 결정한다.

작은 계(부분 계) S의 입장에서, (S를 제외한) 나머지 우주에 관한 세부 사항들은 구분되지 않는다. S가 극히 일부의 변수들 만으로 나머지 우주와 상호 작용하기 때문이다. S의 '관점에서' 우주의 엔트로피는 S가 구분할 수 없는 우주의 (미시적) 상태들의 수로 계산한다. S가 볼 때 우주는 높은 엔트로피의 배열에 있게 된다. 왜냐면 (정의상) 높은 엔트로피의 배열에 더 많은 미시적 상태들이 존재하기 때문이다. 따라서 미시적 상태들 가운데 하나에 있을 가능성도 매우 높다.

위에서 설명한 것처럼, 높은 엔트로피 배열에서는 하나의 '흐름'이 나타나는데, 이 흐름의 변수가 바로 '열적 시간'이다. 작은 계 S가 볼 때 엔트로피는 열적 시간의 흐름에 따라 아마도 위아래로 요동치면서 일반적으로 높게 유지될 것이다. 왜냐면 우리가 다루는 것이 고정 규칙이 아니라 확률이기 때문이다.

이 광활한 우주에는 무수히 많은 작은 계 S들이 존재한다. 그 가운데 열적 시간이 흐르는 '양 끝 지점 중 하나에서' 엔트로피가 낮아지는 변동이 발생하는 소수의 특별한 작은 계들이 있을 수 있다. '이러한' 계들에서 변동은 대칭적이지 않기에 엔트로피는 점차 증가하게 되는데, 이러한 엔트로피의 증가가 우리가 경험하는 시간의 흐름이다. 우주의 초기 상태가 아니라 우리가 속해 있는 이 작은 계 S가 특별한 것이다.

지금까지 한 이야기들이 설득력이 있었는지는 모르겠지만, 개인적으로 이보다 더 나은 이야기는 알지 못한다. 이런 이야기에 믿음이 가지 않는다면, 우주의 탄생 초기에는 엔트로피가 낮았다는 사실을 그냥 관측 자료로 받아들이고 말면 된다.[98]

클라우지우스가 발표한 $\Delta S \geq 0$의 법칙은 볼츠만이 해독하여 우리에게 이어졌다. 엔트로피는 결코 줄어들지 않는다는 것이다. 이를 망각한 채 세상에 대한 일반적인 법칙을 찾다가 우리는 그것이 특별한 부분 계와 관련된 관점 효과라는 것을 재발견하게 되었다. 이제부터 이 이야기를 시작해볼 것이다.

11

특수성에서 나오는 것

키 큰 소나무와 퇴색한 포플러나무는
왜 가지들을 엮어 우리에게 이렇게 달콤한 그늘을 만들어주는가?
왜 흐르는 물은 구부러진 시냇물 속에 반짝이는 빛을 만드는가?
2권 9편

에너지가 아닌 엔트로피가 세상을 이끈다

나는 학교에서 세상을 돌아가게 만드는 것이 에너지라고 배웠다. 우리는 석유나 태양열, 원자력 같은 에너지를 준비해야 한다. 에너지는 모터가 돌아가게 하고 식물을 자라게 하고 우리 잠을 깨워 활기찬 아침을 맞이하게 해준다.

그런데 앞뒤가 맞지 않는 무엇인가가 있다. 에너지는(이것도 학교에서 배운 것이다.) 보존된다. 에너지는 창조되지 않고 파괴되지도 않는다. 에너지가 보존된다면 우리가 굳이 계속 더 만들 필요가 있을까? 같은 에너지를 계속 사용하면 되지 않을까? 상당한 양의 에너지가 있고 소비되지 않는 것이 사실이다. 그런데 세상을 움직이는 데 필요한 것은 에너지가 아니다. 필요한 것은 낮은 엔트로피다.

에너지(기계, 화학, 전기 혹은 잠재 에너지)는 열에너지로, 즉 열로 전환되어 차가운 사물로 이동하는데, 여기서부터는 특별한 조치 없이는 에너지를 이전 단계로 되돌릴 수 없고, 식물을 자라게 하거나 모터를 돌리기 위해 재사용할 수도 없다. 이 과정에서 에너지는 동일하게 유지되지만 엔트로피는 상승하는데, '이것' 역시 이전으로 되돌릴 수 없다. 이것이 열역학 제2법칙이다.

세상을 돌아가게 하는 것은 에너지원이 아니라 낮은 엔트로피의 근원들이다. 낮은 엔트로피가 없으면 에너지는 균일한 열로 약해지고, 세상은 열평형 상태에서 잠들 것이다. 과거와 미래의 구분도 사라지고 아무 일도 일어나지 않을 것이다.

지구는 가까이에 태양이 있어서 낮은 엔트로피의 원천이 풍부하다. 태양이 따뜻한 광자를 보내기 때문이다. 그러면 지구는 아주 차가운 광자들을 방출하면서, 어두운 하늘 쪽으로 열을 발산한다. 유입되는 에너지의 양은 방출되는 에너지 양과 거의 같아, 결과적으로 이 교환에서는 에너지를 얻지 못한다.(에너지가 남으면 기후 온난화가 발생하기 때문에 우리에게는 재앙이 된다.) 그런데 지구는 태양으로부터 도착한 뜨거운 광자 하나당 차가운 광자 열 개를 방출한다. 뜨거운 광자 하나의 에너지가 지구에서 방출된 차가운 광자 열 개의 에너지와 동일하기 때문이다. 뜨거운 광자 하나는 차가운 광자 열 개보다 엔트로피가 적다. 뜨거운 광자 하나의 배열의 수가 차가운 광자 열 개의 배열의 수보다 훨씬 적기 때문이다. 태양이 우리에게는 낮은 엔트로피를 꾸준히 공급하는 최고의 후원자인 것이다. 우리가 사용할 수 있는 낮은 엔트로피가 풍부하고, '그 덕분'에 식물과 동물이 성장하고, 우리가 모터와 도시를 만들고 생각을 할 수 있고 이런 책도 쓸 수 있는 것이다.

태양의 낮은 엔트로피는 어디서 오는 것일까? 일단 태양 자체가 매우 낮은 엔트로피 배열에서 탄생했다. 태양계가 형성된 원시 구름은 엔트로피가 더 낮았다. 이렇게 거슬러 올라가다 보면 우주 초기의 극도로 낮은 엔트로피에 이르게 된다.

우주의 거대한 역사를 이끌어가는 것은 우주의 엔트로피 성장이다. 그러나 우주에서의 엔트로피 성장은 상자 안의 가스가 갑자기 팽창하는 것처럼 급속도로 진행되지는 않는다. 점진적으로 시간을 두고 이루어진다. 거대한 국자를 사용해도 우주처럼 커다란 덩어리를 휘젓는 데는 시간이 걸린다. 게다가 엔트로피의 증가를 차단하고 방해하는 관문들이 있어서 증가하는 과정은 실제로 쉽게 진행되지 않는다.

오랫동안 방치해둔 나무 더미를 예로 들어보자. 이런 나무 더미는 엔트로피가 높은 상태가 아니다. 왜냐면 탄소나 수소 같은 구성 성분들이 아주 특별한('질서 있는') 방식으로 결합하여 나무를 형성하기 때문이다. 엔트로피는 이 특별한 조합이 깨져야 성장한다. 나무가 불에 타면 이 결합이 깨지는데, 나무를 형성한 특별한 구조에서 나무의 구성 요소들이 분열하고, 엔트로피가 맹렬하게 증가한다.(불은 사실상 절대 되돌릴 수 없는 과정이다.) 그런데 나무는 스스로 타기 시작하지 않는다. 무엇인가가 높은 엔트로피 상태로 갈 수 있는 문을 열어줄 때까지는 낮은 엔트로피 상태로 남아 있다. 나무 더미는 카드로 만든 성처럼 불안정한 상태지만, 무엇인가 나타나 무너뜨리지 않는 이상 붕괴되지 않는다. 그 무엇인가는 예를 들면 불을 지피는 성냥 같은 것이다. 불은 나무가 높은 엔트로피 상태로 건너갈 수 있는 길을 열어주는 과정이다.

엔트로피의 증가를 방해하거나 지연시키는 장애물은 우주 곳곳에 널려 있다. 과거에 우주는 기본적으로 수소가 방대하게 펼쳐진 곳이었다. 수소는 헬륨으로 융합될 수 있는데, 헬륨이 수소보다 엔트로피가 높다. 하지만 이런 일이 일어나려면 길이 열려 있어야 한다. 예를 들어 별이 점화돼야 거기서 수소가 헬륨으로 연소되기 시작하는 것이다. 그렇다면 무엇이 별에 불을 붙일까? 엔트로피를 증가시키는 또 다른 과정이 있다. 은하를 떠돌아다니는 거대한 수소 구름이 중력으로 수축되는 과정이다. 수축된 수소 구름은 분산된 수소 구름보다 엔트로피가 훨씬 높다.[99] 하지만 수소 구름은 거대하기 때문에 응축되려면 수백만 년이 걸린다. 수소 구름들이 응축된 후에야 핵융합 과정을 촉발시키는 지점까지 가열이 시작될 수 있다. 수소를 태워 헬륨으로 만드는 핵융합 과정의 점화가 엔트로피를 증가시키는 문이다.

우주의 모든 역사는 이렇게 엔트로피 증가가 멈추고 점프하면서 전개되어 왔다. 무엇인가 개입해 엔트로피를 증가시키는 과정의 문을 열기 전까지는 낮은 엔트로피의 분지 속에(나무 더미, 수소 구름 등) 갇혀 있기 때문에, 엔트로피의 증가는 빠르지도 않고 일정하지도 않다.

엔트로피의 증가 그 자체가 때에 따라서는 엔트로피가 또 한 번 증가하는 새로운 문을 열기도 한다. 예를 들어 산에 있는 제방은 시간이 흘러 점차 마모될 때까지 물을 보유하고 있다. 제방에서 빠져나온 물은 하류로 흐르면서 엔트로피를 상승시킨다. 이 불규칙한 여정이 진행되는 동안 우주의 크고 작은 부분들은 상당히 오랜 기간 동안 비교적 안정된 상태로 남아 있다.

생명체도 유사하게 상호 뒤얽힌 과정들로 구성되어 있다. 광합성은 태양으로부터 받은 낮은 엔트로피가 식물에 쌓이는 과정이다. 동물은 음식을 섭취하는 방식으로 낮은 엔트로피를 먹고 산다.(우리에게 필요한 것이 엔트로피가 아니라 모두 에너지라면, 우리는 음식을 먹지 않고 사하라 사막의 뜨거운 열기가 있는 곳으로 가야 할 것이다.) 살아 있는 모든 세포 내부는 복잡한 화학 공정들의 네트워크로서 낮은 엔트로피를 증가시키는 문을 여닫는 구조물이다. 분자들은 촉매처럼 공정들의 얽힘을 촉진하거나, 반대로 억제하기도 한다. 각각의 모든 공정에서 엔트로피의 증가는 모든 작용을 가능하게 한다. 생명은 서로 촉매작용을 하는, 엔트로피를 증가시키는 과정들의 네트워크다.[100] 간혹 생명이 특별히 질서화된 구조들을 만들어낸다거나, 국소적인 영역에서 엔트로피를 감소시킨다고 흔히 말하는데, 사실이 아니다. 그저 낮은 엔트로피의 음식을 분해하고 소비하는 과정일 뿐이다. 나머지 우주에 존재하는 스스로 구조화된 무질서 그 자체다.

아주 일상적인 현상들도 열역학 제2법칙의 지배를 받는다. 돌이 바닥으로 떨어진다. 왜 그럴까? 돌이 바닥에 떨어지면

'에너지가 적은 상태'에 놓이게 된다고 말하는 책들을 종종 본다. 그렇다면 돌은 왜 에너지가 적은 상태에 놓여야 했을까? 에너지는 보존된다고 했는데 왜 에너지를 잃은 걸까? 답은, 돌이 바닥에 부딪힐 때 바닥을 가열하기 때문이다. 돌의 역학적 에너지가 일단 열로 전환이 되면, 이전 상태로 되돌아갈 수 없다. 열역학 제2법칙이 없고, 열이 없고, 미세한 무리들이 없다면 돌은 계속 다시 튕겨 올라 땅에 떨어지지도 멈추지도 않을 것이다. 돌을 바닥에 멈추게 하고, 세상을 움직이는 것은 에너지가 아니라 엔트로피다.

우주적 존재가 된다는 것은 점진적으로 무질서해지는 과정이다. 마치 처음에는 정리되어 있던 카드 묶음을 섞으면 섞을수록 무질서해지는 것과 같다. 우주를 섞는 거대한 손은 따로 없고, 열렸다 닫혔다를 반복하는 우주의 각 부분들 사이의 상호 작용 속에서 스스로 조금씩 섞일 뿐이다. 여기저기에서 새로운 통로들이 열려 이를 통해 무질서가 퍼져나갈 때까지, 광활한 영역들은 질서정연한 배열 속에 갇혀 있다.[101]

세상에 사건들을 일어나게 하고 그 역사를 쓰는 것은, 몇 안 되는 정리된 배열에서 무질서한 무수한 배열까지 모든 사물들의 불가항력적인 혼합이다. 우주 전체는 조금씩 붕괴되는 산과 같다. 매우 서서히 무너지는 구조물과 같다.

아주 사소한 사건에서 아주 복잡한 사건까지, 우주의 초기 낮은 엔트로피로부터 영양을 공급받아 점점 성장하는 엔트로피의 춤이 진정한 생명의 여신 시바의 춤인 동시에 파괴자인 것이다.

흔적과 원인

과거의 낮은 엔트로피는 이후 매우 중요한 결과로 이어졌다. 이 결과는 언제 어디에서나 찾아볼 수 있고, 또한 과거와 미래의 차이에 상당한 영향을 끼친다. 그것은 과거가 현재에 자신의 흔적을 남긴다는 것이다.

흔적은 곳곳에 있다. 달 위의 분화구들은 과거에 충격을 받았다는 증거이다. 화석은 과거 생명체의 형태를 보여준다. 망원경은 멀리 있는 은하들의 과거 상태를 나타낸다. 책을 보면 우리의 지난 역사를 알 수 있고 우리의 뇌는 기억으로 가득 차 있다.

미래가 아닌 '과거의 흔적만' 있는 이유는 과거에 엔트로피가 낮았기 때문이다. 다른 이유는 전혀 없다. 과거와 미래의 차이를 만드는 근본적인 원인은 과거의 엔트로피가 낮았다는 것뿐이다.

흔적이 남으려면 무엇인가 정지해서 움직이지 말아야 하는

데, 이것은 되돌릴 수 없는 과정을 통해서만, 즉 에너지를 열로 변환시키는 과정을 통해서만 가능하다. 그래서 컴퓨터가 뜨거워지고, 뇌가 뜨거워지고, 달 위로 떨어진 유성들이 달을 가열하고, 심지어 중세시대 베네딕트 수도원의 서기들이 사용한 거위 털 펜도 종이를 가열했다. 열이 없는 세상에서는 모든 것이 탄력적으로 튕기고 그 어떤 것도 자신의 흔적을 남기지 않는다.[102]

풍부한 옛 흔적의 존재는 과거가 결정되어 있다는 친숙한 느낌을 준다. 어떤 비슷한 미래의 흔적도 없다는 것은 미래가 열려 있다는 느낌을 준다. 흔적의 존재는 우리의 뇌가 지나간 사건들의 지도를 광범위하게 펼쳐놓을 수 있게 해주지만, 미래의 사건에 대한 것은 전혀 없다. 그런데 이것은 우리가 세상 속에서 자유롭게 행동할 수 있다는 느낌의 바탕을 이룬다. 과거에 대해서는 뭔가를 할 수 없을지라도, 다양한 미래에 대해서는 선택을 할 수 있으니 말이다.

우리는 뇌의 방대한 메커니즘을 직접 인지하지 못한다.(《베니스의 상인The Merchant of Venizee》은 안토니오가 "이유는 모르겠지만 나는 너무 우울하다."라는 말로 시작된다.) 이 메커니즘들은 발생 가능한 미래를 계산하기 위한 진화 과정에서 설계되었다. 이를 우리는 '결정'이라고 말한다. 그리고 어떤 세부적인 것으로 말미암아 현재가 정확히 예외적인 상황이 되면, 뇌의 메커니즘이 대체 가능한 미래를 탐구하게 될 것이다. 이때 자연스럽게 '결과'에 선행되는 '원인'에 대해 생각하게 된다. 미래 사건의 원인은 과거 사건이다. 그 원인이 된 사건을 제외하고 모든 것이 동일한 세상이라면 미래 사건이 더 이상 따라 나오지 않는다는 의미다.[103]

우리의 경험상, 원인이 결과에 선행한다는 개념은 시간과 대칭을 이루지 않는다. 두 가지 사건의 원인이 동일하다는 것을 확인하게 될 때가 있는데, 특히 이 공통적인 원인을[104] 미래가 아닌 과거에서 발견한다. 예를 들어 두 쓰나미 물결이 인접해 있는 두 섬에 동시에 밀려오면 우리는 미래가 아닌 '과거에' 두 쓰나미의 원인이 된 한 가지 사건이 있었을 것이라 생각한다. 그런데 이런 일은 생기지 않는다. 과거에서 미래로 '인과관계'의 마력이 존재하기 때문이다. 이런 일은* 두 사건 사이에 상관관계가 존재하지 않을 가능성이 희박하기 때문에 발생하는 것이다. 그리고 그러한 가능성을 제공하는 것은 과거의 낮은 엔트로피뿐이다. 다시 말해, 공통 원인이 과거에 존재한다는 것은 과거에 엔트로피가 낮았다는 징후일 뿐이다.

* 인과관계 때문이 아니라.

열평형 상태나 순수한 기계 시스템에서는 인과관계에 의해 규정되는 시간의 방향이란 없다.

기초 물리학 법칙들은 '원인'에 대한 언급은 하지 않고 규칙성에 대해서만 언급하며, 과거와 미래에 관한 한 대칭적이다. 어느 유명한 논문에서 버트런드 러셀Bertrand Rusell, 1872~1970은 이 점을 지적한 바 있다. "인과법칙은…… 군주제처럼 실수로 피해를 끼치지 않는다는 이유만으로 살아남은 지난 시대의 잔재다."[105] 과장이다. 기초 수준에서 '원인'이 없다는 사실만으로 원인의 개념이 무용지물이 될 수는 없다.[106] 기초 수준에는 고양이도 없다. 그렇다고 해서 우리가 고양이에 대해 신경 쓰는 것을 그만두진 않는다. 과거의 낮은 엔트로피는 원인의 개념을 효과적으로 만든다.

하지만 기억, 원인, 결과, 흐름, 과거의 확정적 본성 그리고 미래의 비결정성은 우리가 통계적 사실의 결과에 이름을 부여한 것일 뿐, 우주의 과거 상태는 있음 직하지 않다.

원인과 기억, 흔적, 세상의 발생 자체에 관한 이야기는 수세기, 수천 년 동안의 인류 역사뿐 아니라 수십억 년에 걸친 우주의 방대한 대하드라마까지 펼쳐놓는다. 이 모든 것은 사물의 배열이 몇 십억 년 전에 '특별했었다'는 사실에서 비롯된다.[107]

이 '특별하다'는 것은 상대적인 의미이다. 관점과 관련해서 특별하다는 것이다. 과거 사물의 배열에서 특별함이란 희미함이다. 사물의 배열은 하나의 물리계가 나머지 세상과 상호 작용할 때, 그 상호 작용에 의해 결정된다. 따라서 인과, 기억, 흔적, 세상의 발생 자체에 관한 이야기는 단지 관점의 효과일 수 있다. 하늘의 회전처럼, 세상에서 우리의 특별한 관점이 만들어낸 결과일 수 있다. 이렇듯 시간에 대한 연구는 필연적으로 우리 자신에게로 되돌아올 수밖에 없다. 그럼 이제 우리 자신에 대한 이야기를 시작해보자.

12

마들렌의 향기

행복하고 스스로가 자신의 하루하루의 주인인 사람은 말할 것이다.
"나는 오늘을 살았다. 내일 하느님이 우리를 기다린다.
흐린 구름이 낀 수평선이든 햇살 맑은 아침이든 우리의 낡은 과거는
변하지 않을 것이며, 지난 기억 하나 없이 쏜살같은 시간이
주는 대로만 하게 될 것이다."
3권 29편

이제 우리 자신으로 돌아와서 시간의 본성과 관련해 우리가 하는 역할에 대해 이야기해보자. '우리' 인간은 무엇인가? 실체인가? 하지만 이 세상은 실체로 이루어져 있지 않고 서로 결합하는 사건들로 이루어지는데……. 그렇다면 '나'는 무엇인가?

기원후 1세기에 제작된 팔리Pali어 불교 경서인《밀린다왕문경Milindapanha》에서 나가세나Nāgasena는 밀린다Milinda 왕의 질문

에 답할 때 실체로서의 자신의 존재를 부정했다.[108]

밀린다 왕이 현자 나가세나에게 말했다. "당신의 이름은 무엇인가요, 스승님?" 스승이 대답했다. "저는 나가세나입니다, 위대한 왕이시여. 그러나 나가세나는 그저 이름이고 호칭이고 표현이고 단순한 단어일 뿐입니다. 여기에는 아무도 없습니다."

왕은 그렇게 단호한 목소리로 확언하는 것이 놀라웠다.

"만약 아무도 없다면, 옷을 입고 음식을 먹는 것은 누구란 말인가요? 선행을 하며 사는 것은 누구인가요? 살생을 하고 도둑질을 하고 쾌락을 즐기고 거짓말을 하는 것은 누구인가요? 예술가도 없고, 선도 악도 없다면……."

왕은 주체는 자율적인 존재여야 하고, 자신을 구성하는 요소들로 환원될 수 없는 존재라고 주장했다.

"이 머리카락들은 나가세나의 것이잖아요, 스승님? 손톱이나 치아, 살, 뼈인가요? 이름은요? 감정과 지각, 의식은요? 이 모든 것들이 존재하지 않는다고요?"

현자 나가세나는 '나가세나'가 실질적으로 이 모든 것 중 아무것도 아니라고 대답한다. 왕은 대화에서 이긴 것 같아 보인다. 나가세나가 이 모든 것 중 아무것도 아니라면 다른 어떤 것이어야 하는데, 이 다른 어떤 것은 주체인 나가세나일 것이다. 그러니까 존재하는 것이다.

그러나 현자는 왕에 반대하는 논증을 제시하며 왕에게 마차가 무엇으로 구성되어 있는지 묻는다.

"저 바퀴들이 마차인가요? 차축이 마차인가요? 멍에가 마차인가요? 부품들의 집합이 마차인가요?"

왕은 확실히 '마차'는 모든 바퀴와 차축, 멍에 등이 모여 함께 작동하고 우리와도 어떤 관계를 맺는 전체 관계망을 단지 언급할 뿐이라고 조심스럽게 말한다. 또한 이러한 관계와 사건을 넘어서는 실체인 '마차'는 존재하지 않는다고 대답한다. 나가세나의 승리다. '마차'와 마찬가지로 '나가세나'라는 이름도 관계와 사건들의 총체에 지나지 않는 것이다.

우리는 과정이자, 사건들이며, 구성물이고 공간과 시간 안에서 제한적이다. 그런데 우리가 개별적인 실체가 아니라면, 우리의 정체성과 유일성의 기반은 무엇일까? 무엇이 내가 카를로이게 만들고, 나의 분노와 꿈과 마찬가지로 내 머리카락과 내 손톱, 내 발이 나의 일부라고 느끼게 하고, 생각하고 고통스러워하고 인지하는 어제의 카를로와 내일의 카를로가 나 자신이라 느끼게 하는 걸까?

우리 자아를 형성하는 요소들은 여러 가지가 있다. 그중에서 이 책의 논증에 특히 중요한 아래의 세 가지에 대해 이야기해보려 한다.

1. 첫 번째는 우리 각자를 세상에 대한 '하나의 관점'으로 동일시하는 것이다. 세상은 우리의 생존에 필수적인 풍부한 상관관계를 통해 우리 모두 각각에 반영된다.[109] 우리 모두는 세상을 성찰하고 받은 엄격하게 통합된 방식으로 정교하게 설명하는 복잡한 프로세스다.[110]

2. 우리 자아의 기초가 되는 두 번째 요소는 마차의 예와 똑같다. 우리는 세상을 성찰하면서 그것을 실체들로 조직화한다. 다시 말해, 세상을 생각할 때 우리는 한결같고 안정적인 연속된 방식으로 최선을 다해 세상을 그룹화하고 분류한다. 세상과의 상호 작용이 더 잘 이루어지도록 하기 위함이다. 우리는 몽블랑이라 부르는 바위들을 모아 하나의 실체로 범주화하고, 하나의 통합체로 간주한다. 세상에 선을 그어 부분들로 나누는데, 경계를 설정하여 세상을 근사적으로 조각낸다. 우리의 신경 체계도 이런 식으로 작동하는 구조다. 감각적 자극을 받고 계속해서 정보를 정교화하면서 행위를 만들어낸다. 이는 신경망을 통해 진행되는데, 신경망들은 지속적으로 자신을 수정하면서 유입된 정보의 흐름을 (가능한 한 최대로) 예측[111]하는

유연한 동역학계를 형성한다. 이를 위해 신경망은 동역학계의 다소 안정적인 고정점과 입력 정보에 나타나는 반복 패턴을 연결하면서 시간에 따라 변화한다. 이러한 내용들은 뇌에 관한 연구 분야가 활성화되면서 밝혀진 것으로 보인다.[112] 그렇다면, '사물들'은 '개념들'처럼 감각적인 입력 정보의 반복된 패턴과 이에 대한 연속적인 정교화 작업이 만들어낸 산물, 곧 신경 동역학계의 고정점이다. '사물들'은 세상의 양상들의 결합을 반영한 것이다. 그리고 이 결합은 세상의 반복적인 구조와 상호 작용하는 우리와의 연관성에 따라 달라진다. 마치는 이런 것이다. 흄Hume, 1711~1776이 살아 있었다면, 뇌에 대한 우리의 이해가 발전한 것을 보고 매우 기뻐했을 것이다.

우리는 특히 '다른' 인간, 곧 살아 있는 생명체를 구성하는 과정들의 총체를 하나의 이미지로 그룹화한다. 왜냐면 우리의 삶은 사회적이고, 그래서 우리는 그들과 아주 많이 상호 작용하기 때문이다. 그들은 우리와 관련이 깊은 인간의 매듭들이다. 우리는 우리와 비슷한 사람들과 상호 작용을 하면서 '인간'이라는 개념을 만들었다. 나는 내면적 성찰이 아닌 타인과의 상호 작용에서 자아에 대한 개념이 형성된다고 생각한다. 우리가 사람이라는 생각이 들 때는, 아마 동료들과의 사이를 조절하려고 개발한 정신적인 회로를 우리 스스로에게 적용하고 있을 때일 것이다. 어린 시절 내가 생각하던 나 자신의 첫 이미지는 어머니가 보던 어린 꼬마의 모습이었다. 우리는 과거와 현재에 친구와 여인, 적들에게 비친 우리의 모습에 상당한 영향을 받는다.

데카르트Descartes, 1596~1650에 따르면, 우리의 경험에서 주된 측면은 우리가 생각한다는 것, 그래서 존재한다는 사실을 인식하는 것이라는 개념이 데카르트에게서 나왔다는 사람들이 종종 있는데, 어쨌든 나는 이 개념에 대해 수긍한 적이 한 번도 없다.◆

스스로를 주체라고 생각한 경험은 일차적인 경험이 아니다. 수많은 생각들에 기초한 복합적인 문화의 산물이다. 나의 일차적인 경험은(이 경험이 어떤 의미가 있다고 인정한다면) 나 자신이 아닌, 내 주위의 세상을 보는 것이다. 우리 각자가 '나 자

◆ 이 생각이 데카르트에 기인한다는 것도 나는 잘못된 것이라 본다. "Cogito ergo sum.(나는 생각한다. 고로 존재한다.)"은 데카르트 철학 재구성의 첫 번째가 아닌 두 번째 행보였다. 첫걸음은 "Dubito ergo cogito.(나는 의심한다. 고로 생각한다.)"이다. 재구성의 출발점은 주체로서의 존재 경험에 대한 즉각적인 선험적 가설이 아니다. 데카르트 철학의 재구성은 무엇보다 '이전에' 의심을 불러일으켰던 것에 대해 경험을 바탕으로 합리적으로 성찰하는 것이다. 의심을 품었다는 것은 의심을 품은 사람이 생각을 한다는 것이고, 생각을 할 수 있다면 존재해야 한다는 것을 이성이 확인시켜주는 것이다. 개인적으로 발생한 의혹이라도, 본질적으로 본인이 아닌 제3자의 입장에서 생각하게 된다. 데카르트의 출발점은 주체의 기본 경험이 아닌, 세련된 지성인이 경험한 방법론적 의심이다.

신'에 대한 개념을 갖게 되는 것은, 어느 순간 우리 자신에게 어떤 부가적 특성을 지닌 인간임을 투영하는 법을 배우기 때문인데, 그 특성이란 진화를 통해 우리가 속한 집단의 다른 구성원들과 관계를 맺도록 수천 년 동안 발달해온 능력이다. 우리는 우리와 닮은 존재들이 우리 자신에 대해 가졌던 생각의 반영이다.

3. 우리의 자아를 세우는 세 번째 요소는 기억이다. 이는 아마도 근본적인 요소이기에 시간을 주제로 한 이 책에서 자세히 설명을 하려고 한다.

우리는 연속되는 순간들 속의 독립된 프로세스들의 집합이 아니다. 우리가 존재하는 매 순간은 기억을 통해 세 겹짜리 특별한 끈으로 우리의 과거와(바로 직전의 과거부터 아주 먼 예전까지) 단단히 엮인다. 우리의 현재에는 과거의 흔적들이 떼 지어 있다. 우리는 우리 스스로의 '역사'이고 이야깃거리다. 나는 소파에 드러누워 랩톱 컴퓨터 자판에 'a'를 두들기고 사라지는 찰나의 고깃덩어리가 아니다. 내게는 지금 쓰고 있는 문장의 흔적들로 가득 찬 내 생각들과, 어머니의 다정한 손길과, 아버지가 가르쳐주신 온화한 다정함과, 청소년기의 여행들이 들어 있다. 나의 뇌 속에는 이제까지 읽은 책들이 층층이 쌓여 있으며, 사랑과 절망, 우정, 그동안 내가 쓴 글과 들은 이야기들, 기억에 남을 정도로 인상 깊었던 얼굴들이 담겨 있다. 그리고 나는 1분 전에 잔에 차를 따른 사람이다. 조금 전에 이 컴퓨터 자판에 '기억'이라는 단어를 두드린 사람이다. 방금 전에 이 문장을 생각하고 지금은 쓰고 있는 사람이다. 이 모든 것이 사라져도 내가 존재할까? 나는 내 인생이 담긴 한 편의 장편소설이다.

시간의 흐름 속에서 우리를 형성한 프로세스들은 도처에 깔려 있고, 기억은 이 프로세스들을 함께 단단히 한다. 이러한 의미에서 볼 때 우리는 시간 속에 존재한다. 그래서 오늘의 나는 어제의 나와 같다. 우리 자신을 이해하는 것은 시간에 대해 생각하는 것이다. 그러나 시간을 이해한다고 해서 우리 자신에 대한 성찰이 이루어지는 것은 아니다.

최근 뇌의 작용에 대한 연구를 주제로 한 《당신의 뇌는 타임머신이다Il tuo cervello è una macchina del tempo》[113]라는 책이 출간되었다. 이 책에서는 뇌가 시간의 흐름과 상호 작용을 하는 수많은 방법에 대해 설명하고, 과거와 현재, 미래 사이의 가교를 마련했다. 넓은 의미에서 뇌는 과거의 기억을 수집해 지속적으로 미래를 예측하는 데 사용하는 메커니즘이다. 이 메커니즘은 아주 짧은 시간 간격부터 아주 긴 시간 간격에 이르기까지 방대한 시간 간격의 스펙트럼에 작용한다. 예를 들어 누군가 어떤 물체를 던지면 우리 손은 민첩하게 잠시 후 물체가 날아올 곳으로 움직여 잡을 것이다. 뇌는 과거의 기억을 이용해 우리 쪽으로 날아오는 물체의 미래의 위치를 신속하게 계산한다. 좀 더 긴 시간 간격으로 우리는 씨앗을 심어 곡식이 자라게 할 것이다. 혹은 과학 연구에 투자하여 앞으로 우리에게 기술과 지식을 가져다줄 수 있다. 미래에 대한 예측 가능성은 생존의 기회를 늘리는데, 진화는 이를 가능하게 하는 뇌 구조를 선택해왔다. 우리가 바로 그 선택의 결과물이다. 과거의 사건과 미래의 사건 사이에 존재하는 이 선택이 우리 정신 구조의 핵심이다. 이 선택이 우리에게는 시간의 '흐름'인 것이다.

우리 신경계의 배선 구조를 보면 움직임을 즉시 알아채는 기본적인 구조가 있다. 물체가 한 장소에서 나타나 금방 다른 장소로 이동하면 뇌는 이 두 위치에서 발생하는 서로 다른 두 신호를 받지 못한다. 움직이는 무언가와 관련된 하나의 신호만 감지한다. 다시 말해 우리가 인지하는 것은 유한한 시간 동안 작용하는 계에서 보면 의미가 없는 현재가 아니라, 우연히 발생해서 시간이 흐를수록 확대되는 어떤 것이다. 우리 뇌에서 시간의 흐름에 따른 확장은 기간의 인지로 축약된다.

《고백서Confession》 제11편에서 아우구스티누스Augustinus,

354~430는 시간의 특성에 대한 의문을 제기하고(복음주의 설교자 스타일의 폐쇄적인 내용이라 나는 꽤 지루하게 느끼지만) 우리의 시간 인지 능력에 대한 명석한 분석을 내놓았다. 그는 과거는 지난 것이라 더 이상 없고 미래는 앞으로 와야 할 것이라 이것 역시 없기 때문에 우리가 언제나 현재에 있다고 보았다. 그리고 우리가 언제나 현재에만 있다면 그것은 정의상 순간적인 것이 되는데 어떻게 기간을 인식할 수 있는지, 혹은 평가할 수 있는지를 자문했다. 우리가 언제나 현재에만 있다면 어떻게 과거에 관해 이렇게 확실하게 알 수 있는 걸까? 지금 이곳에는 과거와 미래가 없다. 과거와 미래는 어디에 있을까? 아우구스티누스가 내린 결론은 우리 안에 있다는 것이었다.

> 그러니까 나는 머릿속으로 시간을 재고 있는 것이다. 내 머리가 시간이 객관적인 것이라고 우기도록 하면 안 된다. 나는 시간을 측정할 때마다 내 머릿속의 현재에서 무엇인가를 측정하고 있다. 시간이 이렇지 않다면, 나도 시간이 무엇인지 모르겠다.

처음 언뜻 본 것보다는 훨씬 그럴듯한 개념이다. 우리가 시계로 기간을 측정한다고 할 수 있지만, 이것은 불가능하다. 기간은 서로 다른 두 순간에 시계를 봐야 측정할 수 있는데, 우리는 언제나 하나의 순간에 있지, 두 순간에 존재할 수는 없기 때문이다. 우리는 현재 속에서 현재만 본다. 과거의 '흔적'이라고 해석되는 것들은 볼 수 있지만, 과거의 흔적을 보는 것과 시간의 흐름을 인지하는 것에는 큰 차이가 있다. 아우구스티누스는 이 차이의 근원이 시간의 흐름을 인지하는 일이 내면적이기 때문이라고 파악했다. 그것은 내면의 일부이며, 뇌에 남은 과거의 흔적들이다.

아우구스티누스의 설명은 무척 아름답다. 그는 음악의 힘을 빌었다. 우리가 어떤 찬가를 들을 때, 하나의 소리는 이전과 이후의 소리들에 의해 의미가 부여된다. 이처럼 음악은 시간의 흐름 속에서만 의미가 있는데, 우리가 현재의 한순간만 포착한다면 어떻게 음악을 들을 수 있을까? 아우구스티누스는 우리의 인지력이 기억과 예측을 바탕으로 한다고 주장했다. 찬가나 노래는 우리에게는 시간으로 받아들여지는 무엇인가와 함께 통합된 형태로 우리 머릿속에 나타난다. 그러니까 음악은 시간이다. 우리의 머리에 기억과 예측으로 있고, 전체적으로 현재에 있는 시간이다.

시간이 머릿속에서만 존재할 수 있다는 생각은 당연히 기독교 사상에서 지배적이지는 않았다. 오히려 1277년 파리의 주교 에티엔느 탕피에Étienne Tempier, 1210~1279가 이단이라고 명시한 명제 중 하나가 되었다. 탕피에 주교의 이단 목록에는 이런 글이 실려 있었다.

> Quod evum et tempus nichil sunt in re,
> sed solum in apprehensione.[114]

해석하면, '현실이 아닌 정신 속에만 시대와 시간의 존재가 있다는 주장은 이단'이라는 것이다. 어쩌면 내 책도 이단으로 흘러가고 있는지도……. 하지만 아우구스티누스가 계속 성인으로 인정을 받았으니, 나도 크게 걱정할 필요는 없을 듯하다. 기독교는 유연성이 있으니…….

자신의 내면에서 발견한 과거 흔적들의 존재는 바깥세상의 실제적인 구조를 반영하기 때문이라는 주장으로 아우구스티누스에게 이의를 제기하기 쉬워 보일 수 있다. 예를 들어 14세기 오컴의 윌리엄Gugliemo di Ockham, 1280~1349은 자신의 책《자연철학Philosophia Naturalis》에서 인간은 하늘의 움직임과 스스로의 움직임을 모두 관찰하므로, 본인과 세상의 공존을 통해 시간을 인지한다고 주장했다. 그리고 몇 세기 뒤 에드문드 후설Edmund Husserl, 1859~1938은 (당연히) 물리적 시간과 '시간에 대한 내적 인지'의 구분에 대한 주장을 펼쳤다. 쓸데없이 이상주의의 골짜기에 빠져들고 싶지 않았던 건전한 자연주의자에게는 전자(물리적 세계)가 먼저이고, 후자(의식)는 (사람들이 얼마나 잘 이해했는지와는 상관없이) 전자에 의해 결정된다. 이는 물리학이 우리에게 우리 외부의 시간의 흐름이 실재하고 보편적이며, 우리의 직관과도 일치한다는 것을 확신시켜주는 한, (아우구스티누스의 주장에 대한) 완전히 합리적인 반대가 된다. 그런데 물리학이 대신 이러한 시간이 실재의 기초적인 부분이 아니라는 것을 보여준다면, 우리는 여전히 아우구스티누스의 주장을 무시하고 시간의 참된 본질과 무관하다고 할 수 있을까?

서양 철학 사상에서는 시간의 '외적' 특성보다는 '내적' 특성에 관한 예측이 반복적으로 등장한다. 칸트Kant, 1724~1804는 《순수이성비판Critique of Pure Reason》에서 공간과 시간의 특성을 논하고 공간과 시간 모두 지식의 선험적인 형식으로, 즉 객관적인 세상뿐 아니라 주체가 이를 파악하는 방식과도 관련이 없는 것으로 해석했다. 그러나 칸트는 공간이 '외적' 감각에 의해, 즉 우리 '외부'의 세상에 있는 사물들을 보고 이들에 질서를 부여하는 방식으로 형성된 반면, 시간은 '내적' 감각에 의해 다시 말해 우리 안에 있는 '내적' 상태들에 질서를 부여하는 방식으로 형성된다고 보았다. 그리고 세상의 시간 구조의 기초는 우리 생각의 작용과 긴밀한 관계에 있는 것에서 찾아지는 것이라고 보았다. 이러한 관찰은 칸트의 초월주의와 관련을 짓지 않아도 충분히 타당성이 있다.

후설은 '과거지향'(혹은 '보존')에 의거하여 경험의 형성을 설명할 때 아우구스티누스처럼 멜로디 청취의 은유를 사용했다.[115] (그사이 세상은 부르주아화하고 찬가에서 멜로디로 건너왔다.) 우리가 어떤 음을 듣는 순간, 이전의 음이 '보존'되고, 그다음에는 보존된 음이 보존되고, 그런 식으로 계속 진행된다. 그로 말미암아 현재는 점점 더 희미해지는 과거의 연속적인 흔적들을 포함하게 된다.[116] 후설에 의하면 이러한 보존 과정을 통해 현상이 '시간을 구성'한다.

그림 12-1의 도형이 후설의 도형이다. A에서 E까지의 수평축은 흘러가는 시간을 나타내고, E에서 A'의 수직선은 E 시점에 '보존'을 나타낸다. 점진적인 붕괴가 A에서 A'로 이어진다. E 시점에 P'와 A'가 존재하기 때문에 이러한 현상들은 시간을 구성한다. 흥미로운 점은 시간에 관한 현상학의 근원이 현상들의 가상의 객관적인 연속(수평선)에서 밝혀진 것이 아니라, 기억(유사하게 후설이 '미래지향protension'이라 부른 예측)에서, 즉 도표의 수직선 부분에서 밝혀졌다는 것이다. 여기서 내가 강조하는 점은 이것이 (자연철학 안에서는 물론) 물리적인 세계에

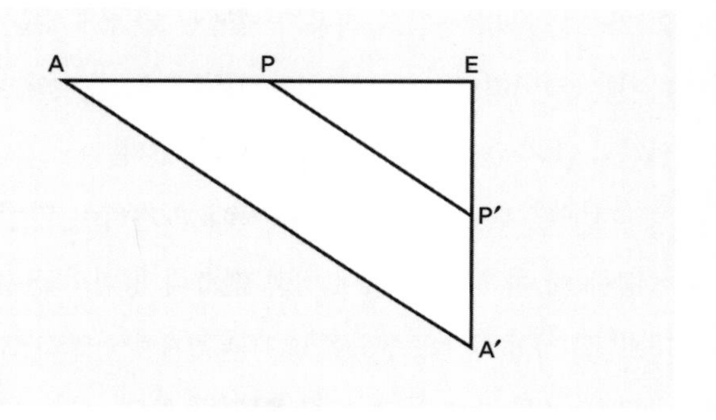

12-1 **후설의 도형**

서조차 계속 정당하다는 것이다. 이 물리적인 세계에는 선형적인 방식으로 전 세계적으로 조직화된 물리적인 시간은 없지만, 엔트로피의 변화에서 만들어진 흔적들만은 있다.

하이데거는(나는 갈릴레오의 정확하고 투명한 표현을 좋아해서 하이데거의 의도적인 난해한 표현을 해독하게 되었다.) 후설의 행적에 대해 이런 글을 썼다. "시간은 인간의 척도 내에서만 시간화된다."[117] 하이데거에게도 시간은 인간의 시간이고 무엇을 하기 위한 시간, 인간이 전념하는 일을 위한 시간이다. 물론 하이데거가 관심을 둔 것은 존재가 인간을 위한 것이라는 점뿐이지만(존재의 문제를 던지는 주체를 위한 것),[118] 결국 시간의 내적 의식이 존재의 지평임을 확인하게 된다.

시간이 주체에게 고유한 것이라는 직관은 주체를 자연의 일부로 보고 '실재'에 대해 말하고 연구하는 것을 두려워하지 않는 건전한 자연주의에도 상당한 의미가 있다. 우리의 오성과 직관이 뇌가 작동하는 제한적인 방식에 의해 근본적으로 걸러진다고 동시에 인정하더라도 그러하다. 뇌는 결국 외부 세상과 우리 마음의 작동 구조 사이의 상호 작용에 의존하는 실재의 일부이기 때문이다.

그러나 정신은 뇌의 작용이다. 우리가 이러한 작용을 (조금) 깨닫기 시작한다는 것은 뇌 전체가 뉴런을 연결하는 시냅스에 남겨진 과거의 '흔적'들에 기초해서 작동한다는 뜻이다. 시냅스는 수천 개씩 계속 만들어지지만, 특별히 잠자는 동안 과거 우리 신경계에 작용하던 흔적에 대한 희미한 생각만 남겨두고 사라진다. 희미한 이미지는 의심할 여지없이 우리 눈이 매 순간 수백만 가지의 세부 사항들을 보고 있어도 우리의 기억에는 머무르지 않는다는 것을 생각하게 하지만, 분명히 세상을 담고 있다.

끝없는 세상들.

이 끝없는 세상은 《잃어버린 시간을 찾아서Le Temps retrouvé》[119]의 초반부에서, 어린 마르셀Marcel이 매일 아침 알 수 없는 심연에서 거품처럼 의식이 떠오르는 어지러운 순간에 당황하여 재발견하는 세상이다. 나중에 마들렌의 맛이 그에게 콩브레 Combray 마을의 향기를 되살리게 했을 때 방대한 땅을 열어준 세상이다. 프루스트Proust, 1871~1922는 이 거대한 세상을 3천 장이나 되는 자신의 대작에 하나의 지도로 서서히 풀어놓았다. 여러분도 알겠지만 이 소설은 세상의 사건들에 대한 이야기가 아니다. 기억 속에만 있는 이야기다. 《잃어버린 시간을 찾아서》는 마들렌 향기부터 마지막 편인 〈되찾은 시간〉의 마지막 단어(시간)에 이르기까지 마르셀의 뇌 시냅시스들에 들어 있는 무질서하고 미세한 풍경들만 가득한 책이다.

그 속에서, 몇 센티미터 안 되는 그 회색 사각형들 속에서 프루스트는 경계 없는 공간과 현실적이지 않은 미세한 것들의 무리, 향기, 생각, 감각, 성찰, 고민, 색상, 물체, 이름, 시선, 감정 등을 발견한다. 그 모든 것이 마르셀의 귀 사이, 뇌 주름 속에 들어 있었다. 이것이 우리가 경험하는 시간의 흐름이다. 저 안에, 우리 내면의 신경에 남아 있는 그토록 중요한 과거의 흔적들이 있는 곳에 시간의 흐름이 자리 잡고 있다.

프루스트는 자신의 첫 책에 "현실은 오직 기억 속에서 형성된다."는 기록을 남길 정도로 확고부동했다.[120] 그리고 기억은 흔적들의 총체이자 세상의 무질서와 앞서 본 짧은 방정식 $\Delta S \geq 0$의 간접적 산물이다. 그 방정식은 세상의 상태가 과거에는 '특별'한 구성이었으며 그 때문에 흔적도 남았다는 것을 말해주는데, 우리를 포함한 아마 아주 드문 부분 계와 관련돼 있기에 '특별한' 것이다.

우리는 이야기다. 우리의 눈 뒤쪽에 있는 복잡하기 짝이 없는 20센티미터 영역 속에 담긴 이야기들이다. 또한 우리는 선이다. 이 혼란스럽고 거대한 우주의 조금 특별한 모퉁이에서 세상의 일들이 뒤섞이면서 남긴 흔적들, 미래에 일어날 일들을 예견하고 엔트로피를 성장시키도록 맞춰진 그 흔적들이 만들어낸 선들이다.

이 공간, 즉 앞날을 예측하려는 우리의 연속적인 과정과 결합된 기억이 시간을 시간으로, 우리를 우리로 느끼게 하는 원천이다.[121] 우리가 내적 성찰을 통해 공간이나 물질이 없는 곳에서 존재하는 일은 상상할 수 있지만, 시간의 흐름 속에서 존재하지 않는다는 상상을 할 수 있을까?[122]

이것은 우리가 속한 물리계가 나머지 세상과 특별한 방식으로 상호 작용을 하고 흔적을 남기며, 물리적 실체인 우리가 기억과 예측을 하기 때문이다. 또한 이 예측은 사소하지만 귀중한 시간에 대한 관점을 갖게 해준다.[123] 시간은 우리를 세상의 일부와 접하게 해준다.[124] 그러니까 시간은, 본질적으로 기억과 예측으로 만들어진 뇌를 가진 인간이 세상과 상호 작용

을 하는 형식이며, 우리 정체성의 원천이다.[125]

그리고 우리의 고통의 원천이기도 하다.

부처는 수백만 명의 인간들이 그들 삶의 근간으로 여겼던 것들을 몇 가지 격언으로 요약했다. 출생이 고통이고 노화가 고통이고 질병이 고통이고 죽음이 고통이고 우리가 증오하는 것들이 고통이고 우리가 사랑하는 것과의 단절이 고통이고 우리가 원하는 것을 얻지 못하는 것이 고통이다.[126] 우리는 어떤 것을 갖게 되고 그것에 집착했다가 결국은 잃게 되기 때문에 고통스럽다. 어떤 것을 시작했다가 결국은 끝나기 때문에 고통이다. 우리를 고통스럽게 하는 것은 과거에 혹은 미래에 있지 않다. 지금 여기에, 우리의 기억 속에, 우리의 예측 속에 있다. 우리는 영원불멸을 갈망하고 시간의 흐름에 고통스러워한다. 시간은 고통이다.

이것이 시간이다. 이런 특성이 우리를 매혹시키며 안절부절못하게 만들고, 어쩌면 이런 고통스러운 측면 때문에 여러분도 지금 이 책을 손에 들고 있을지 모른다. 왜냐면 시간은 세상의 일시적인 구조이고 세상에서 일어나는 사건들의 일시적인 변동일 뿐이면서도, 우리를 어떤 존재로 생기게 할 수 있기 때문이다. 즉, 우리는 시간으로 만들어진 존재다. 그 때문에 우리가 존재하고, 우리 자신에게 우리라는 소중한 존재를 선물하고, 모든 고통의 근원인 영원에 대한 허무한 환상을 만들게 한다.

슈트라우스Strauss, 1867~1949의 음악과 호프만 스탈Hofmann sthal, 1874~1929의 글은 시간을 좀 씁쓸하게 노래한다.[127]

한 소녀를 기억한다…….
어떻게 그럴 수 있는지…….
나는 어린 레시(Resi)였는데,
언젠가 나이 든 여인이 되려나?
……신이 그러기를 원한다면,
왜 내게 그것을 보게 하는 걸까?
왜 내게 감추지 않는 걸까?
완전한 신비, 아주 깊은 신비다…….
시간의 흐름 속에서 사물의 나약함을 느낀다.
내 마음속에서는 벌써 그 어떤 것에도
집착하면 안 된다는 것을 느낀다.
모든 것이 손가락 사이로 미끄러진다.
우리가 잡으려 하는 모든 것이 녹아버린다.
모든 것이 안개와 꿈처럼 사라진다…….
시간은 이상한 것이다.

우리가 필요로 하지 않을 때는 아무것도 아니다.

그러다 어느 순간 사라지고 만다.

시간은 우리 주변 어디에나 있다. 우리 안에도 있다.

시간은 우리의 얼굴을 통해 들어온다.

거울을 통해 들어오고, 내 사원들을 통해 흐른다…….

그리고 너와 나 사이로 조용히, 모래시계처럼 흐른다.

오, 땡땡.

때때로 나는 시간이 냉혹하게 흐르는 것을 느낀다.

때때로 한밤중에 일어나

모든 시계를 멈춘다…….

13

시간의 원천

아마 신은 우리에게서 수많은 계절을 더 가져갈 것이다.
어쩌면 티레니아해의 파도들이 부식된 암석 바위에 부딪히는 지금
이 겨울이 마지막일 수 있다. 그대는 현명한 자일 것이다.
포도주를 따르고 이 짧은 순환 속에 그대의 긴 희망을 가두어라.
1권 11편

우리는 온 우주에서 균일하고 동등하게 흐르고, 그 흐름 속에서 모든 일이 일어나는 익숙한 시간의 이미지에서 출발했다. 온 우주에 하나의 현재, 하나의 '지금'이 실재한다. 모든 사람에게 과거는 고정돼 있고, 이미 도래했으며 지나갔다. 미래는 열려 있고 아직 결정되지 않았다. 현실은 과거로부터 현재를 지나 미래를 향해 흐르고, 사물의 진화는 과거와 미래 사이에서 비대칭적으로 이루어진다. 우리는 이것이 세상의 기본 구조라고 생각했다.

이 익숙한 틀은 산산조각 났다. 그리고 시간은 아주 복잡한 현실의 근사치에 불과한 것으로 드러났다.

온 우주에 공통의 현재는 존재하지 않는다.(3장) 세상의 모든 사건들이 과거-현재-미래 순으로 진행되는 것도 아니고, '부분적'으로만 순서가 있을 뿐이다. 우리 주위에는 현재가 있지만 멀리 있는 은하에서는 그것이 '현재'가 아니다. 현재는 세계적이 아니라 지역적이다.

세상의 사건을 지배하는 기본 방정식에는 과거와 미래의 차이가 없다.(2장) 그 차이는 사물에 대한 우리의 희미한 생각과 함께, 과거에 세상이 우리에게 특별한 상태에 있었다는 사실에 의해서만 문제가 될 뿐이다.

지역적으로, 시간은 우리가 어디에 있는지, 우리가 어떤 속도로 움직이는지에 따라 다른 속도로 흐른다. 우리가 물체 덩어리에 가까울수록(1장), 우리가 빨리 움직일수록(3장) 시간은 더 천천히 흐른다. 두 사건 사이의 기간은 단 하나가 아니라 수없이 많을 수 있다. 시간이 흐르는 리듬은 자체의 동역학을 지니고, 아인슈타인의 중력 방정식에 의해 기술되는 실체인 중력장에 의해 결정된다. 양자 효과를 무시하면, 시간과 공간은 우리를 담고 있는 거대한 젤리의 양상들이다.(4장)

하지만 세상은 양자적이고, 젤리 같은 시공간 역시 근사치이다. 세상의 기본 문법에는 공간도, 시간도 없고, 오직 물리량을 변화시키는 과정만 있을 뿐이며, 이로부터 우리는 확률과 관계를 산출할 수 있다.(5장)

지금 우리가 아는 아주 기본적인 수준에서는 우리가 경험한 시간과 유사한 것이 별로 없다. 특별한 '시간' 변수도 없고 과거와 미래의 차이도 없고 시공간도 없다.(2부) 우리는 세상을 설명하는 방정식을 쓸 줄 안다. 이 방정식에서 변수들은 서로에 상대적으로 변화한다.(8장) 세상은 '정적'이지도 않고 그렇다고 변화가 그저 환상에 지나지 않는 '꽉 막힌 우주'도 아니다.(7장) 오히려 사물들이 아니라 사건들로 가득한 세상이다.(6장)

여기까지는 시간이 없는 우주를 향해 나아가는 여행이었다. 그 우주에서 돌아오는 여행은 시간이 없는 이 세상에서 어떻게 우리에게 시간 감각이 생길 수 있었는지(9장) 파악하기 위한 노력이다. 놀라운 일은, 시간의 친숙한 면들이 출현하는데 우리 자신이 어떤 역할을 해왔다는 것이다. 우리는 '우리'의 관점, 세상의 작은 일부인 인간의 관점에서 시간의 흐름 속에 있는 세상을 본다. 세상과 우리의 상호 작용은 부분적인데, 이것이 우리가 세상을 희미하게 보게 되는 이유다. 이 희미함에 양자의 불확정성이 추가된다. 그로 인한 무지가 특별한 변수인 열적 시간(9장)의 존재와 우리의 불확실성을 양화한 엔트로피의 존재를 결정한다.

아마도 우리는 나머지 세상과 상호 작용하면서 열적 시간의 한 방향으로 엔트로피가 낮아지는 특별한 부분 계에 속하는 것 같다. 따라서 시간의 방향성은 실제적이지만 관점적이다. 그리고 우리의 관점에 달려 있는 것이다.(10장) 세상의 엔트로피는 '우리와 관련돼' 있고, 우리의 열적 시간과 함께 증가한다. 우리는 이 열적 시간을 간단히 '시간'이라 부르는데, 이 변수 안에서 사물들이 순서에 따라 발생하기 때문이다. 엔트로피의 증가는 우리의 과거와 미래를 구분하고 우주의 전개를 이끈다. 또한 과거에 대한 흔적과 잔존물 그리고 기억이 존재하도록 한다.(11장) 인간은 과거의 흔적들에 대한 기억으로 뭉쳐져 있는, 엔트로피 증가는 대역사의 산물이다. 우리는 각자 각자가 하나의 통합된 존재다. 세상을 반영하고 있고, 타자와의 상호 작용 과정에서 세상에 대한 하나의 통합된 실체의 이미지를 구축해왔으며 기억으로 통합된 세계에 대한 하나의 관점을 가지고 있기 때문이다.(12장) 여기서 우리가 시간의 '흐름'이라 부르는 것이 탄생한다. 이것이 바로 우리가 시간의 경과를 경청할 때 듣는 소리다.

'시간' 변수는 세상을 설명하는 수많은 변수 중 하나다. 중력장의 변수들 가운데 하나이기도 한데(4장), 우리 규모에서는 양자의 요동을 기록할 수 없기에(5장) 시공간을 아인슈타인의 거대한 연체동물처럼 잘 확정된 것으로 생각할 수 있다. 또한 우리 규모에서는 이 연체동물의 움직임이 너무 작아서 무시될 수 있다. 따라서 시공간을 탁자처럼 견고한 것으로 생각할 수 있다. 이 탁자에는 차원들이 있는데 우리가 공간이라 부르는 차원과 시간이라 부르는, 엔트로피가 그것을 따라서 성장하는 차원이 있다. 우리의 일상생활은 빛에 비해 매우 낮은 속도로 움직이기 때문에, 우리는 시계마다 서로 다른 고유 시간이 있음을 차이를 인지하지 못하며, 또한 어떤 물질로부터 떨어진 거리에 따라 다르게 흐르는 시간의 속도 차이도 너무 작아 식별하지 못한다.

그래서 결국 우리는 세상에 존재하는 수많은 시간들이 아닌, 우리가 경험한 균등하고 범세계적이고 순서가 있는 시간, 이 단일한 시간에 대해서만 말할 수 있다. 이 시간은 엔트로피의 성장에 의존하여 시간의 흐름에 정착한 우리 인간이 인간으로서의 특별한 관점에서 기술한, 세상에 대한 근사치의 근사치의 근사치이다. 성서의 〈전도서〉[128]에 따르면, 탄생을 위한 시간과 죽음을 위한 시간이 있다.

서로 다른 다양한 근사치들에서 파생된 확연히 구분되는

수많은 특성들이 겹겹이 쌓인 다층 구조의 복잡한 개념, 이것이 우리의 시간이다.

시간의 개념에 대해 수많은 의견이 엇갈리는 것은 이렇게 복잡하고 다층적인 측면을 모르기 때문이다. 이 제각각의 다양한 층을 보지 못하는 오류를 범하고 있는 것이다.

이것이 내가 평생 시간의 주위를 맴돌고 나서 알게 된 시간의 물리적 구조이다.

이 책에 실린 내용 중 많은 부분은 견고하게 믿을 만하고, 다른 부분은 그럴듯하고, 다른 부분은 아직은 추측이어서 오해할 위험이 있다.

숱한 실험에서 얻은 확실한 내용들은 모두 이 책의 1부에 실려 있다. 높이와 속도에 따른 시간의 지연, 현재의 부재, 시간과 중력장의 관계, 다양한 시간들의 관계가 역학적이라는 사실, 기초 방정식들은 시간의 방향을 인정하지 않는다는 사실, 엔트로피와 희미함의 관계, 모두 다 확인된 것이다.[129]

그런데 이제야 이론적 논증이 뒷받침되기는 했지만 실험적 증거는 제시되지 않았음에도 중력장이 양자적 특성을 지녔다는 믿음이 확산되었다.

내가 2부에서 말한 기본 방정식에 시간 변수가 없다는 내용은 신빙성이 있지만, 이 방정식들의 형식에 대한 논란은 아직도 진행 중이다. 양자 비가환성과 관련된 시간과 열적 시간의 기원, 그리고 우리가 관찰한 엔트로피의 증가가 우주와 우리의 상호 작용에 의한 것이라는 점은 나에게는 무척 매력적이지만, 여러분의 확신과는 완전히 다를 수 있다.

확실하게 믿을 수 있는 것은 세상의 시간 구조가 우리가 알고 있는 소박한 이미지와는 다르다는 일반적인 사실뿐이다. 우리가 갖고 있는 시간 이미지는 우리의 일상생활에는 적응되어 있지만, 미세한 굴곡 속의 세상이나 광대한 세상을 파악하기에는 적합하지 않다. 모든 가능성을 다 동원해도 우리 본성을 파악하기에는 충분치 않다. 왜냐면 시간의 신비가 우리 개인의 자아의 신비, 의식의 신비와 교차하기 때문이다.

시간의 미스터리는 언제나 우리를 괴롭히고 깊은 감정까지 움직인다. 심지어 철학과 종교까지 성장하게 만든다.

시간의 특성을 다룬 최고의 책 중 한 권으로 꼽히는 《시간의 방향La direzione del tempo》에서 한스 라이헨바흐Hans Reichenbach, 1891~1953가 제시한 것처럼, 시간이 초래한 불안을 피하기 위해 파르메니데스Parmenides, BC 515~BC 445는 시간의 존재를 부정하려 했고 플라톤은 시간을 초월해 존재하는 이데아의 세계를 상상했으며, 헤겔은 정신이 덧없음을 초월하여 그 충만함 속에서 자신을 아는 순간에 대해 말하고 있다. 이러한 불안에서 탈출하기 위해 우리는 '영원'의 존재를 상상했고, 다수의 신들, 혹은 하느님, 혹은 불멸의 영혼들이 거주하기를 바라는 시간을 초월한 이상한 세상을 상상했다.◆ 논리와 이성보다 시간에 대한 우리의 깊은 감정적 태도가 철학이라는 대성당을 세우는 데 더 큰 기여를 했다. 그 반대의 감정적 태도, 즉 헤라클레이토스Heraclitus, BC 540?~BC 480?나 베르그송Bergson, 1859~1941과 같이 시간에 찬사를 보내는 태도도 많은 철학을 낳는 데 기여했지만, 시간이 무엇인지에 대한 더 많은 이해를 주지는 못했다.

물리학은 우리가 미스터리의 층들을 관통하도록 도와준다. 세상의 시간 구조가 우리의 지각과는 다르다는 것을 보여주고, 우리가 감정 때문에 생긴 안개를 걷고 시간의 본성을 연구할 수 있도록 희망을 주고 있다.

그러나 우리 자신과 점점 더 멀어지는 시간에 관한 연구는

◆ 시간을 분석철학적으로 다루는 기본 텍스트 안에서 이루어진 라이헨바흐의 관찰이 하이데거의 성찰이 시작된 개념들과 매우 가깝다는 점은 상당히 흥미롭다. 이후에 두 사람의 의견차는 엄청나게 벌어지는데, 라이헨바흐는 물리학에서 우리가 속한 세상의 시간을 찾으려 했고, 하이데거는 시간이 인간의 존재적 경험 안에 있다는 점에 관심을 두었다. 시간에 대한 두 가지 이미지에서 나온 결론은 놀랄 정도로 다르다. 두 이미지는 양립이 불가능할 수밖에 없는 것일까? 왜 그래야 할까? 두 사람은 서로 다른 문제를 탐구했다. 한쪽은 세상의 효율적인 시간 구조를 연구해 우리가 시선을 넓히면 넓힐수록 점점 더 시간 구조가 낡아지는 것을 알게 해주었고, 다른 한쪽은 우리가 '세상 속의 존재'라는 구체적인 느낌을 주는 시간 구조의 근본적인 측면을 연구했다.

우리가 스스로에 관한 무언가를 발견함으로써 끝을 맺고 있다. 마치 코페르니쿠스가 하늘의 운동에 대해 연구하다가 우리 발밑의 지구가 어떻게 움직이는지 이해함으로써 끝을 맺게 된 것처럼 말이다. 결국 시간에 대한 감정은 시간의 본성을 객관적으로 이해하는 것을 방해하는 안개막이 아니다. 오히려 시간에 대한 감정이 우리에게 정확히 시간이 무엇인지를 보여준다.

나는 알아야 할 것이 이것 이상 한참 더 많다고 생각하지는 않는다. 우리는 더 많은 의문을 품을 수 있지만 제대로 공식화할 수 없는 질문들에는 주의를 기울여야 한다. 시간에 관한 형용할 수 있는 모든 측면들을 찾았을 때 시간도 찾은 것이다. 우리는 분명하게 설명할 수 없는 시간에 대한 즉각적인 느낌에 서투른 손짓을 할지도 모르지만(좋아, 하지만 왜 시간이 '흐를까?') 이는 근사적인 말에 불과한 것을 실제적인 사물로 바꾸는 불합리한 시도로서 문제를 혼란스럽게 만드는 것이다. 어떤 문제가 정확하게 공식화되지 않을 때가 있는데, 문제가 심오하지 않아서가 아니라 종종 문제 자체가 잘못된 경우가 있기 때문이다.

앞으로 우리가 시간을 더 잘 이해할 수 있을까? 나는 그렇다고 생각한다. 수 세기 동안 자연에 대한 우리의 이해는 수직

상승했고, 지금도 계속 알아가고 있다. 시간의 미스터리에 대해서도 우리는 뭔가를 힐끗 들여다보고 있다. 우리는 시간이 없는 세상을 볼 수 있고, 마음의 눈으로 우리가 아는 시간이 더 이상 존재하지 않는 세상의 심오한 구조를 볼 수 있다. 마치 지는 해를 보다가 지구가 도는 모습을 본, '언덕 위의 바보' 처럼 말이다. 그리고 우리는 우리 스스로가 시간이라는 것도 보기 시작했다. 우리는 이 공간, 우리 신경들의 연결 속 기억의 흔적들에 의해 펼쳐진 초원이다. 우리는 기억이다. 우리는 추억이다. 우리는 아직 오지 않은 미래에 대한 갈망이다. 기억과 예측을 통해 이런 식으로 펼쳐진 공간이 시간이다. 때로는 고뇌의 근원이지만, 결국은 엄청난 선물이다.

끝없는 결합의 놀이가 우리에게 귀한 기적을 열어주고, 우리를 존재하게 해준다. 우리는 지금 웃을 수 있다. 시간 속에 고요히 스며들어 있는 우리 자신에게로 돌아갈 수 있다. 순식간에 지나가는 우리 존재의 짧은 주기의 소중한 순간을 강렬하게 음미하면서.

14

이것이 시간이다

짧은 하루들, 오, 세스티오여
우리가 긴 희망을 품지 못하게 하소서.
1권 4편

인도의 대서사시 《마하바라타Mahabharata》의 제3장에서 강인한 영혼인 야크샤Yaksa가 팝다바Papdava의 최고령자이자 현자인 유디스티라Yudhisthira에게 무엇이 가장 큰 신비인지 물었다. 이에 현자는, "매일 수많은 사람들이 죽는데도 살아 있는 자들은 자신들이 불멸의 존재인 것처럼 산다."라고 대답했는데, 이 말은 수천 년 동안 회자되었다.[130]

나는 불멸의 삶을 살고 싶지는 않다. 나는 죽음이 두렵지 않다. 내가 두려운 것은 고통이다. 지금은 내 아버지가 온화하고 멋지게 늙어가는 모습을 보며 나아지기는 했지만 노화도 두렵다. 나약함과 사랑을 잃는 것도 두렵다. 하지만 죽음은 두렵지 않다. 젊을 때부터 두렵지 않았는데, 그때는 죽음이 먼 일이라고 생각했기 때문이다. 그런데 예순이 된 지금도 두려움이 찾아오지 않았다. 내 삶을 사랑하지만 인생은 피곤하고 힘들고 고통스럽다. 나는 죽음이 포상 휴가 같은 것이라고 생각한다. 바흐Bach, 1685~1750는 〈BWV 56 칸타타〉에서 죽음을 잠의 자매sister of sleep라 불렀다. 죽음은 내 두 눈을 감겨주고 머리를 쓰다듬어주러 곧 오게 될 친절한 자매다.

욥은 '그가 '매일의 날들로 충만'할 때 죽었다. 정말 멋진 표현이다. 나도 '매일이 충만'하다고 느낄 때까지 가서 미소와 함께 이 짧은 순환의 인생을 마감하고 싶다. 아직 인생을 즐길 수 있다. 바다 위에 빛나는 달과 사랑하는 여인의 입맞춤과 모든 것에 의미를 부여하는 그녀의 존재와 소파에 누워 아직 우리 주위를 에워싸고 있는 수많은 비밀 중 작은 비밀 하나를 깨는 꿈을 꾸면서 기호와 공식을 잔뜩 써내려가는 겨울철의 일요일 오후를 즐길 수 있다. 나는 아직 이렇게 황금 잔을 기울이며 세상을 돌아볼 수 있는 시선을 가진 것이 행복하다. 한편으로는 다정하지만 적대적이기도 하고, 명확한 듯하지만 알 수 없고, 예상치 못한 일들이 떼 지어 밀려드는 삶……. 그러나 나는 이미 이 달콤 씁쓸한 잔을 많이 마셨고, 바로 지금 천사가 도착해 "카를로, 때가 되었어."라고 말하면 무슨 때가 되었는지 굳이 묻지 않을 것이다. 그저 미소를 지어 보이며 따라갈 것이다.

내가 보기에 죽음에 대한 두려움은 진화의 오류다. 수많은 동물들이 포식자가 다가오면 본능적으로 두려워하며 도망친다. 그것이 건강한 반응이고 그래야 위험에서 도망칠 수 있다. 하지만 잠깐 동안의 두려움일 뿐 계속되지는 않는다. 이 두려움 덕분에 미래를 예상하는 능력이 지나친, 전두엽이 비대한 털 없는 유인원이 탄생했다. 미래를 예상하는 능력은 분명 도움이 되는 특권이기는 하다. 그러나 그 때문에 우리 유인원은 피할 수 없는 죽음에 직면해야 한다. 물론 두려움의 본능을 일깨워 포식자로부터 도망치게 해주기는 한다. 나는 이 죽음에 대한 두려움이 두 가지 진화의 압박에 의한 우발적이고 어리석은 간섭이자, 우리 뇌 속에서 발생한 잘못된 자동 회로 연결의 산물일 뿐 특별히 유용하다거나 의미가 있는 것은 아니라고 생각한다. 모든 것은 일정한 기한이 있다. 인류도 마찬가지다.(브야사Vyasa는 《마하바라타》에서 "지구는 젊음을 잃었다. 행복한 꿈처럼 지나가버렸다. 이제 매일 우리는 파멸과 망각에 점점 더 가까워질 것이다."라고 했다.)[131]

세월의 흐름과 죽음을 두려워하는 것은 현실을 두려워하고 태양을 두려워하는 것이나 마찬가지다. 왜 그럴까?

이것은 이성적인 행동이다. 그러나 삶에 동기를 부여하는 것은 이성적인 논제들이 아니다. 이성은 개념을 밝히고 오류를 찾아내는 데 필요하다. 그런데 이성이라는 것 자체가 포유류로서, 사냥꾼으로서, 사회적인 존재로서의 내면 구조에 우리가 행동하는 동기들이 기록되어 있다는 것을 보여준다. 이성은 위와 같은 두려움들이 연결되는 사실을 밝히기만 할 뿐 직접적인 연결 고리가 되지는 않는다. 우리는 애초에 이성적인 존재가 아니다. 언젠가 두 번째 요건으로 이성적인 존재가 될 가능성은 있다. 그러나 우리의 첫 번째 요건은 생존에 대한 갈망과 배고픔, 사랑의 필요성, 인간 사회에서 우리의 위치를 찾는 본능 등을 충족하는 것이다. 두 번째 요건은 첫 번째 요건이 없으면 존재하지도 않는다. 이성은 본능을 다스리지만 본능 자체를 중재의 첫 번째 기준으로 삼는다. 사물과 우리의 갈증에 명목을 부여하고 위험을 피해 돌아가고 숨은 것들을 보게 해준다. 비효율적인 계획이나 잘못된 믿음, 선입견을 인지하게 해준다. 우리에게는 수없이 많은 이성이 있다. 이성은 우리가 사냥할 먹잇감을 찾아주는 길이라고 생각해 따라간 흔적이 잘못되었을 때 이를 깨우쳐주기 위해 발전한다. 하지만 정작 우리를 인도하는 것은 삶에 대한 성찰이 아니라 삶 그 자체다.

그렇다면 정말 우리를 인도하는 것은 무엇일까? 이것은 뭐라 말하기가 어렵다. 어쩌면 우리는 아는 바가 전혀 없을 수도 있다. 우리는 우리 안에서 동기를 인식한다. 그리고 이 동기들에 명목을 부여한다. 우리에게는 수많은 동기가 있다. 그중 일부는 다른 동물들과 공유한다고 여겨지기도 한다. 또 어떤 것들은 인간끼리만 공유한다. 또 어떤 것들은 우리가 속해 있다고 인식되는 아주 작은 집단과 공유한다. 배고픔과 갈증, 호기심, 동료의 필요성, 사랑에 대한 욕구, 연애 감정, 행복의 추구, 세상에서의 위치 확보와 가치 있는 존재, 인정받는 존재, 사랑받는 존재가 되어야 할 필요성, 믿음과 명예, 하느님의 사랑, 정의와 자유에 대한 갈망, 지식에 대한 욕망…….

이 모든 필요와 욕구가 어디서 비롯된 것일까? 우리는 원래 이런 것들이 필요하도록 만들어졌고 지금도 필요하다. 오랜 세월을 거친 선택과 화학적·생물적·사회적·문화적 구조들의 산물로, 다양한 분야에서 오랫동안 상호 작용을 이뤄 현재의 우리라는 재미있는 프로세스가 만들어졌다. 우리가 내면의 성찰과 거울에 비친 모습을 보면서 깨닫는 것은 사소한 것뿐이다. 우리는 우리의 정신적 능력으로 파악할 수 있는 것보다 훨씬 더 복잡하다. 전두엽이 매우 거대해진 덕분에 우리는 달에 착륙할 수 있었고 블랙홀을 발견했으며, 무당벌레의 사촌들을 알아낼 수 있었다. 하지만 우리는 아직 우리 자신에 대해 충분히 밝혀내지 못했다.

'이해'한다는 말의 의미 자체도 명확하지 않다. 우리는 세상을 보고 설명하고 정리한다. 그러나 우리가 보는 세상과 실제 세상의 관계에 대해서는 온전히 아는 것이 거의 없다. 우리의 시선이 근시적이라는 것은 우리도 잘 안다. 사물에서 방출되는 방대한 전자기 스펙트럼도 우리는 작은 창이 달린 도구를 사용해야 볼 수 있다. 물질의 원자 구조도, 공간이 굴곡을 이루는 것도 보지 못한다. 우리는 황폐한 우리의 어리석은 뇌가 할 수 있는 범위 내에서 구성한, 우주와의 상호 작용에서 이끌어낸 일관된 세상을 본다. 우리는 돌이나 산, 구름, 사람을 기준으로 세상을 생각하고, 그것이 '우리를 위한 세상'이라 여긴다. 세상에는 우리가 아는 바와 아주 거리가 먼 것들이 많은데, 우리는 그런 것들이 얼마나 많은지조차도 모른다.

그렇다고 우리의 생각이 나약하기만 한 것은 아니다. 적어도 우리가 표현할 수 있는 범위보다는 더 발전된 상태다. 세상은 바뀌므로 몇 세기만 지나면 악마와 천사, 마녀들이 우리의 원자와 전자기파를 재구성해줄 것이다. 버섯 몇 그램만 있으면 모든 현실이 우리 눈앞에서 녹아 완전히 다른 형태로 재구성될 것이다. 심각한 정신분열증을 앓았던 여자 친구를 만나 몇 주 동안 대화를 하면서 망상이 세상을 무대에 올리는 거대한 연극 장치이며, 우리의 사회적·정신적 생활과 세상에 대한 이해의 배경인 집단적 망상을 가려내는 일이 얼마나 힘든지를 깨달으면 된다. 평범한 질서와 거리가 먼 사람들의 외로움과 나약함을 제외하면…….[132] 현실에 대한 시각은 우리가 조작한 집단적 망상으로, 진화를 통해 적어도 우리를 지금 여기까지는 성공적으로 이끌어왔다. 우리가 세상을 관리하고 돌보기 위해 찾은 수단들은 굉장히 많았고, 그중 최고는 이성이다. 이성은 소중한 것이다.

하지만 이성은 핀셋 같은 하나의 도구일 뿐이기도 하다. 불이나 얼음 같은 재료로 만들어진 것에 손을 대야 할 때 사용하는 연장 같은 것인데, 우리가 생생하게 불타는 감정처럼 인지하는 것이다. 이러한 감정들이 우리의 실체다. 우리를 인도하고 이끌기 때문에 우리도 멋진 표현을 써가며 이 감정들에 애정을 쏟는다. 또 이 감정들은 우리를 행동하게 만든다. 그런데 이러한 것들에 대해 무엇을 말하려고 하면 항상 순서가 꼬이고 만다. 정확한 순서를 지키려다 보면 결국 무엇인가 빠트린다는 것을 우리 스스로 인식하고 있기 때문이다.

내게 삶, 이 짧은 삶은 감정들의 끊임없는 외침에 불과하다. 이 외침은 우리를 이끌어 하느님의 이름 안에, 정치적 신념에, 우리를 안심시키는 의식 안에 가두어 결국 정리된 상태로 아주아주 거대한 사랑 안에 머물게 한다. 결론적으로 아름답고 찬란한 외침인 것이다. 이 외침은 때로는 고통이 되고 때로는 노래가 된다.

아우구스티누스에 의하면, 이 노래는 시간에 대한 인지이다. 이 노래는 시간이고, 그 자체가 시간의 시작인 베다의 찬가이다.[133] 베토벤의 〈장엄미사곡Missa Solemnis〉 중 '베네딕투스Benedictus'에서 바이올린 곡은 순수한 아름다움과 순수한 절망, 순수한 행복을 표현한다. 그 곡 속에서 숨을 가다듬으며 가만히 멈춰 있으면, 신비로운 감각의 원천을 느낄 수 있다. 시간의 원천도 바로 이것이다.

잠시 후 곡이 잦아들면서 멈출 것이다. "은줄이 끊어지고 황금 전등이 깨지고, 암포라 항아리의 밑바닥이 부서지고 도르래가 연못에 빠지고 먼지가 땅으로 돌아갈 것이다."[134] 그래도 괜찮다. 우리는 두 눈을 감고 휴식을 취할 수 있다. 나는 이 모든 것이 참 달콤하고 아름다워 보인다. 이것이 시간이다.

옮긴이의 글

주석

옮긴이의 글

이 책은 카를로 로벨리가 쓴 비교적 최근 작으로, 2017년 《L'ordine del tempo》라는 제목으로 이탈리어판이 처음 출간되었고, 2018년 5월에 《The Order of Time》으로 영문판이 출간되었다. 카를로 로벨리는 아인슈타인 이후의 중력 이론인 양자중력 이론의 선구자로서, 그동안 국내에서 번역 출간된 《모든 순간의 물리학》(쌤앤파커스, 2016), 《보이는 세상은 실재가 아니다》(쌤앤파커스, 2018) 모두 양자중력 이론의 관점에서 바라본 물질, 에너지, 공간에 관한 이야기다. 이 책은 그다음인, 시간에 관한 이야기다. '시간이란 도대체 무엇일까? 그 본질은 무엇인가? 우리가 사는 세상에서 경험하는 시간과 저 우주의 근간에 있는 원초적인 시간은 같은가 아니면 다른가? 다르다면 어째서 다르게 나타나는 것일까?' 등과 같은 질문들에 대한 일종의 답변서이다. 물론 그 답변이 우리가 오늘날 유일하게 옳다고 받아들여야만 하는 정답은 아니다. 양자중력 이론의 대표적인 한 흐름인 루프 양자중력 이론의 관점에서 이끌어낸 일종의 이론적 추측일 뿐이다. 현재 양자중력 이론은 오직 이론적 상상을 통해 우주에 대한 새로운 이해를 도모할 뿐이며, 아직까지는 어떤 실험적 증거도 갖고 있지 않다. 하지만 이러한 상상은 우주를 새롭게 바라보게 하고 그 안에서 인간 세상을 재조명하게 한다. 매우 그럴듯하며 흥미진진한 상상이자, 양자 이론의 관점에서 중력 현상을 설명하는 천체 우주 물리학의 미개척 분야에 대한 새로운 도전의 의미를 지니는 것이다.

양자중력 이론도 마찬가지지만, 일반적으로 과학 이론은 세상을 바라보는 하나의 창과 같다. 가령 양자 이론으로 세상을 본다는 것은 세상의 모든 사물을 유한한 크기를 지닌 매우 작은 양자들로 구성된 것으로 보고, 이런 양자들의 불연속적이고 불확정적인 요동으로 사물의 운동, 곧 세상의 변화를 이해한다는 것을 뜻한다. 마찬가지로 아인슈타인의 일반상대성 이론, 소위 중력 이론으로 세상을 본다는 것은 우주의 물질 분포에 따라 시간이 서로 다르게 흐르고 공간도 다르게 휘게 되어, 우주에는 유일한 시공간 대신 수많은 시공간들이 존재한다고 보는 것이다. 지금까지 이 두 이론은 각기 세상의 서로 다른 영역을 이해하는 창으로서 매우 효과적으로 기여해왔다. 하지만 아직까지 우주는 두 이론으로도 밝혀지지 않은 수많은 신비에 싸여 있다. 이 베일을 벗겨내려는 또 하나의 시도가 두 이론의 결합을 통해 우주의 신비에 한 걸음 더 가까이 접근하려는 양자중력 이론의 등장이다.

그렇다면 양자중력 이론으로 세상을 본다는 것은 무슨 의미일까? 양자중력 이론이 우리에게 보여주는 우주의 모습, 세상의 모습은 무엇인가? 이 두 이론의 결합으로 그동안 두 이론이 개별적으로는 보지 못했던 어떤 것을 새롭게 보여줄 수 있을까? 카를로 로벨리는 이를 독자들에게 매우 쉽고 친절하게 그리고 열정적으로 알리고 싶어 한다. 앞서 언급한 저서 세 권에서 그는 각기 물질, 공간, 시간을 주제로 이미 이러한 열정을 펼쳐낸 바 있다. 이 책은 그 가운데서 세 번째의 시간을 주제로 삼고 있다.

이 책의 원제목 《시간의 질서》는 매우 역설적이다. 마치 시간에 어떤 질서와 순서가 있는 것처럼 보이기 때문이다. 하지만 정작 저자인 카를로 로벨리의 주장은 이와 정반대다. 시간에 어떤 순서나 질서가 있는 것처럼 보이는 것은 우리가 살고 있는 거시 세계에서 바라본 우주의 특수한 양상일 뿐, 보편적인 본질이 아니라는 것이다. 인간 지각능력의 한계를 넘어서는 우주 본래의 원초적 시간에는 순서나 질서, 그리고 이를 바탕으로 한 흐름이 없다. 시간은 단지 물질들이 만들어내는 사건들 간의 관계, 좀 더 엄밀히 말해 이 관계들의 동적인 구조에 나타나는 양상이다. 그래서 시간은 흐르는 것이 아니다. 이것이 이 번역 책의 제목이《시간은 흐르지 않는다》인 이유다.

우주의 시간은 우리가 보는 것과 다르게 작동한다. 마치 지구가 평평한 것 같은데 사실은 구면인 것처럼, 태양이 도는 것 같은데 사실은 지구가 도는 것처럼 말이다. 카를로 로벨리는 이 신비스러운 시간의 본질을 파헤치기 위해, 제일 먼저 우리가 갖고 있는 통상적인 시간관념부터 비판적으로 분석해 들어간다. 그 통상적인 시간관념이란 유일성, 방향성, 독립성의 특성을 말한다. 즉, 이 우주에는 유일한 단 하나의 시간만이 존재하고, 그 시간은 과거로부터 미래를 향해 한 방향으로 나아가고 있으며, 다른 어떤 존재자들의 영향을 받지 않고 규칙적이고 일정하게 흐른다는 것이다. 카를로 로벨리는 이러한 시간관념은 지각 오류의 산물이자, 우리가 살고 있는 지구 환경의 특수성, 곧 근사성이 만들어낸 결과로 본다. 그의 설명을 쫓아가다 보면 왜 그런지 알게 된다.

카를로 로벨리의 설명에는 고대 그리스 철학 시절부터 인간이 시간을 이해해왔던 역사가 녹아들어 있다. 또한 뉴턴에 의해 근대 물리학이 등장한 이래로 물리학의 발전 역사가 우리의 시간관념을 어떻게 변화시켜왔는지도 담고 있다. 그런 의미에서 이 책은 일종의 '시간의 역사서'이기도 하다. 하지만 그는 여기서 멈추지 않고 있다. 새로운 양자중력 이론의 도입을 통해 지금까지의 시간에 대한 이해를 새롭게 확장해나간다.

우리가 알고 있는 통상적인 시간이 없는 우주, 그럼에도 끊임없이 변화가 일어나는 우주, 그 변화의 핵심에 사물 대신 사건이 가득 찬 우주, 결국 사건들 간의 복잡한 관계망에 내재된 동역학적 구조가 변화의 주범인 우주, 하지만 인간은 여전히 시간의 질서와 순서를 경험하고 이에 의존해서 살아가야만 하는 우주, 인간의 세계가 보편이 아니라 특수한 세계인 우주……. 시간에 관한 이 우주의 거대한 이야기가 이 책 속에 온전히 담겨 있다. 이 책을 통해 독자들은 인간이 인류의 역사에서 시간을 어떻게 이해해왔는지 알게 될 것이다. 나아가 인간의 한계를 뛰어넘어 지구의 시간이 아닌 우주의 시간, 곧 시간의 본질에 대한 이해에 한 발짝 더 접근할 수 있게 될 것이다. 이것이 이 책을 번역한 역자의 바람이다.

배봉골 자락에서, 이중원

주석

들어가는 말

1 아리스토텔레스, 《형이상학*Metafisica*》, I2, 982b.

2 시간 개념의 층위에 대해서는 J.T. 프레이저(J.T. Fraser), 《시간, 정념 그리고 지식에 관하여*Of Time, Passion, and Knowledge*》(Braziller, New York, 1975)에 깊이 있는 토론이 제시되어 있다.

3 철학자 마우로 도라토(Mauro Dorato, 로마 트레 대학 과학철학과 교수 – 옮긴이)는 우리 경험과 일관된 물리학의 기본적인 개념 틀을 마련해야 할 필요성을 역설했다.(《시간이란 무엇인가?*Che cos'è il tempo*》, Carocci, Roma, 2013.)

01 유일함의 상실

4 이것이 일반상대성 이론의 핵심이다.(A. 아인슈타인, 〈일반상대성 이론의 기초*Die Grundlage der allgemeinen Relativitätstheorie*〉, 《Annalen der Physik》 49, 1916, pp.769-822.)

5 약한 장에 관한 근사적 계산에서 이 메트릭은 $ds^2=(1+2\Phi(x))\ dt^2-dx^2$의 공식으로 나타낼 수 있으며, 여기에서 $\Phi(x)$은 뉴턴의 퍼텐셜이다. 뉴턴의 중력은 이 메트릭의 시간 요소인 g_{00}에 대한 수정으로부터, 즉 국지적으로 지연된 시간에서 나온다. 이 메트릭의 측지선들이 물체의 낙하를 설명해주는데, 퍼텐셜이 가장 낮은 쪽으로, 즉 시간이 지연되는 쪽으로 굽어 곡선을 이룬다.(이러한 그리고 유사한 노트들은 이론 물리학에 일

가견이 있는 사람을 위한 것이다.)

6 'But the fool on the hill / sees the sun going down, / and the eyes in his head / see the world spinning 'round…….'

7 C. 로벨리(C. Rovelli), 《과학이란 무엇인가. 아낙시만드로스의 혁명*Che cos'è la scienza. La rivoluzione di Anassimandro*》, Mondadori, Milano, 2011.

8 예를 들면, $(t_{탁자} - t_{바닥}) = gh/c^2 t_{바닥}$, 여기서 c는 빛의 속도이고 $g=9.8m/s^2$는 갈릴레오의 가속도, h는 탁자의 높이다.

9 '시간 좌표(time coordinate)'인 t 변수 하나로도 적을 수 있지만, 이는 하나의 시계에서 측정된 시간을 나타내는 것이 아니며(dt가 아닌 ds로 규정), 세상을 변화시키지 않고도 자유자재로 달라질 수 있다. 이 t는 물리적인 양을 나타내는 것이 아니다. 시계들이 측정하는 것은 세계선을 따라 존재하는 고유시간 γ로, $t_\gamma = \int_\gamma \sqrt{g_{ab}(x)dx^a dx^b}$의 공식으로 주어진다. 이러한 양과 ds의 물리적 관계에 대해서는 이후에 설명할 것이다.

02 방향의 상실

10 R.M. 릴케(R.M. Rilke), 《두이노의 비가, 모음집*Duineser Elegien, Sämtiche Werke*》, Insel, Frankfurt a. M., 1권, 1955년, I권, 83~85행, 이탈리아어 번역; F. 체라노비(Ceranovi),

11 프랑스혁명은 화학과 생물학, 해석역학을 비롯한 수많은 학문이 탄생할 정도로 과학에 대한 열의가 대단했던 시기다. 사회적 혁명이 과학혁명과 함께 발전한 것이다. 파리의 첫 혁명 시장(장 실뱅 바이[Jean Sylvain Bailly])은 천문학자였고 라자르 카르노(Lazare Carnot, 프랑스혁명정부의 정치위원회 위원 역임-옮긴이)는 수학자였으며, 장 폴 마라(Jean Paul Marat, 프랑스 대혁명의 지도자-옮긴이)는 사람들에게 물리학자로 알려져 있었다. 앙투안 라부아지에(Antoine Lavoisier, 프랑스의 화학자)는 정치적 활동을 했다. 조제프 라그랑주(Joseph Lagrange, 프랑스의 수학자이자 천문학자)는 인류의 고통과 영광이 공존하던 시대에 집권하던 수많은 정부들이 존경하던 인사다. S. 존스(S. Jones)의 《혁명적 과학 : 길로틴 시대의 변화와 혼돈*Revolutionary Science: Transformation and Turmoil in the Age of the Guillotine*》(Pegasus, New York, 2017)을 참조한다.

12 맥스웰 방정식에서의 자기장의 부호, 소립자의 전하와 반전성 등을 변경하는데, CPT(전하, 반전성, 시간의 역전 대칭) 하에서 불변이어야 적절한 것이다.

13 뉴턴의 방정식은 사물이 어떻게 가속하는지를 결정하는데, 운동을 역방향으로 진행시켜도 가속도는 바뀌지 않는다. 위로 던진 돌의 가속도는 낙하하는 돌의 가속도와 같다. 연도(年度)가 거꾸로 거슬러 올라간다고 가정해보면, 달은 지구 주위를 반대 방향으로 돌지만, 원래의 방향으로 회전할 때와 마찬가지로 지구에 동일하게 끌려야 한다.

14 양자중력을 추가해도 결론은 변하지 않는다. 시간의 방향의 기원을 찾기 위한 노력에 관해서는 H.D. 체(H.D. Zeh)의 《시간의 방향에 대한 물리적 기초*Die Physik der Zeitrichtung*》(Springer, Berlin, 1984)를 참고한다.

15 R. 클라우지우스(R. Clausius), 〈기계적 열 이론의 주요 방정식의 다양한 편리한 형태에 관하여*Über verschiedene für die Anwendung bequeme Formen der Hauptgleichungen der mechanischen Wärmetheorie*〉, 《Annalen der Physik》 125, 1865, pp.352~400, 이 책의 p.390.

16 특히 물체에서 나온 열을 '온도로 나눈' 양이다. 뜨거운 물체에서 열이 나와 차가운 물체로 들어갈 때, 총 엔트로피가 증가하는데, 이는 온도 차 때문이다. 즉, 한 물체에서 나온 열에 기인한 엔트로피가 다른 물체로 들어가는 열에 기인한 엔트로피보다 적게 된다. 두 물체 모두 동일한 온도에 이르면, 엔트로피는 최대치가 되고 평형 상태가 된다.

17 아르놀트 조머펠트(Arnord Sommerfeld), 독일의 이론물리학자.

18 한스 크리스티안 외르스테드(Hans Christian Ørsted), 덴마크의 물리학자, 화학자.

19 엔트로피를 정의하려면 '대충 갈기 혹은 대충 뽑기(coarse graining)', 즉 미시 상태와 거시 상태의 구분이 필요하다. 거시 상태의 엔트로피는 거시 상태에 대응되는 미시 상태들의 수로 결정된다. 고전 열역학에서 '대충 갈기'는 계의 일부 변수들을 외부에서 '조작 가능한' 것 혹은 '측정 가능한' 것(예를 들면 기체의 체적이나 압력)으로 결정하는 순간에 정의된다. 하나의 거시 상태는 이 거시 상태 변수들을 고정함으로써 결정된다.

20 요약하면, 양자역학을 무시한다면 결정론적인 방식이 되고, 양자역학을 고려한다면 확률적인 방식이 된다. 이 두 경우 모두, 미래와 과거를 동일한 방식으로 다룬다.

21 11장에 이 점에 대한 더 자세한 내용이 기재돼 있다.

22 S=klnW. 이 공식에서 S는 엔트로피, W는 미시 상태들의 수 혹은 위상공간에서 대응하는 부피, k는 현재 우리가 볼츠만 상수라고 부르는 단순 상수로 (임의적으로) 차원을 조절한다.

03 현재의 끝

23 일반상대성. (A. 아인슈타인, 〈일반상대성 이론의 기초*Die Grundlage der allgemeinen Relativitätstheorie*, cit.〉)

24 특수상대성이론(A. 아인슈타인, 〈움직이는 물체의 전기역학*Zur Elektrodynamik bewegter Körper*〉, 《물리학 연보*Annalen der Physik*》 17, 1905, pp.891~921.)

25 J.C. 하펠(J.C. Hafele)와 R.E. 키팅(R.E. Keating), 〈전 세계의 원자시계 : 관찰된 상대론적 시간의 증가*Around-the-World Atomic Clocks : Observed Relativistic Time Gains*〉, 《Science》

177, 1972, pp.168~70.

26 이동 속도와 위치만큼이나 t에 따라 달라진다.

27 푸앵카레(Poincaré), 로렌츠(Lorentz)는 대단히 난해한 방식으로 't'를 물리적으로 해석해왔다.

28 아인슈타인은 앨버트 마이컬슨(Albert Michelson, 독일 태생의 미국 물리학자, 1907년 노벨 물리학상 수상)과 필립 몰리(Philip Morley, 미국의 이론물리학자, 천체물리학자)의 실험들은 자신의 특수상대성이론을 완성하는 데 그다지 도움이 되지 않았다는 말을 자주 했다. 사실인 것으로 보이고, 이는 과학철학에서의 중요한 요소를 설명해준다. 세상에 대한 더 나은 이해를 위해 언제나 '새로운' 실험 자료가 필요한 것은 아니다. 코페르니쿠스(Copernicus)도 프톨레마이오스(Ptolemaeus)보다 더 많은 관찰 자료를 가지지 않았다. 프톨레마이오스가 남긴 기록의 세부적인 내용들을 예리하게 해석할 줄 알았기 때문에 태양중심설을 읽을 수 있었던 것이다. 마찬가지로 아인슈타인도 맥스웰의 방정식을 남다른 시선으로 바라보고 해석할 줄 알았다.

29 무엇과 비교해서 움직이고 있는 걸까? 움직임을 상대적인 것으로 본다면, 두 물체 중 한 물체가 움직인다고 규정하는 기준은 무엇일까? 이것이 대부분 혼란스러워하는 점이다. 정확한 답은(적용되는 경우가 흔치 않다.) 두 시계가 분리된 공간적 지점이 다시 만난 공간적 지점과 동일할 때, 이 기준만을 바탕으로 한 운동 상태를 말한다. 시공간에서 두 사건 A와 B 사이에 직선 하나만 있다고 가정해보자. 이 직선이 길이가 최대한의 시간인데, '이 직선에 대한' 속도가 시간을 지연시킨다. 예를 들어 두 시계를 떼어놨다가 다시 한자리에 모으지 않으면 어떤 시계가 빠르고, 어떤 시계가 늦는지를 따지는 의미가 없는 것이다. 두 시계가 다시 한자리에 모이면, 시간을 비교할 수 있고 각 시계의 속도 자체가 이동량을 뒷받침하는 개념이 된다.

30 예를 들어, 내가 망원경으로 여동생이 20세 생일 파티를 하고 있는 것을 보고 라디오로 축하 메시지를 보냈는데, 메시지가 여동생의 28세 생일에 도착한다면, 나는 여동생이 있는 곳에서 빛이 출발했을 때(20세 생일)와 여동생에게 되돌아갔을 때(28세 생일)의 중간인 여동생의 24번째 생일을 '지금'이라고 할 수 있다. 이 정도로 타협하는 것이 좋은 듯하다.(내 아이디어가 아니라 아인슈타인의 '동시성'에 대한 정의다.) 그러나 이것이 공통적인 시간을 정의하는 것은 아니다. 만약 '프록시마b'가 지구에서 멀어지고 있는데 여동생은 똑같은 논리로 자신의 24번째 생일과 동시적인 순간을 계산하면, 이곳에서 현재 순간을 얻을 수 없다. 다시 말해, 동시성을 정의하는 이 방식으로는 나에게 여동생의 인생 중 A 순간은 내 인생의 B와 동시인 순간이지만, 그 반대는 성립이 안 된다. 여동생에게 A와 B는 동시가 아닌 것이다. 여동생과 나의 다른 이동 속도도 동시성의 서로 다른 평면을 결정한다. 따라서 공통의 '현재'에 대한 개념도 없는 것이다.

31 여기에서 공간성의 간격으로 멀리 떨어진 곳에서 일어나는 사건들의 결합.

32 외삽법에 관련해 알아둬야 할 인물 중 쿠르트 괴델(Kurt Gödel, 오스트리아의 철학자, 〈아인슈타인의 중력장 방정식의 새로운 형태의 우주론적 해 사례*An Example of a New Type of Cosmological Solutions of Einstein's Field Equations of Gravitation*〉, 《Reviews of Modern Physics》 21, 1949, pp.447~50)을 꼽을 수 있다. 괴델의 말을 빌자면 '지금'의 개념은 어떤 특정한 관찰자가 우주의 다른 부분과 갖는 어떤 관계일 뿐이다.

33 이행 관계.

34 부분 순서 관계의 존재도 닫힌 시간 곡선이 존재할 경우 실재와 관련해서 너무 강할 수 있다. 이 부분에 대해서는 M. 라치에즈 레이(M. Lachièze-Rey)의 《시간여행 : 시간성의 현대 물리학*Voyager dans le temps. La physique modern et la tempolritca La physique modern et la temporalità*》(Editions du Seuil, Paris, 2013)을 참조한다.

35 과거로의 여행이 논리적으로 불가능할 것이 없다는 사실은 20세기 최고의 철학자 중 한 사람인 데이비드 루이스(David Lewis)의 논문으로 명확하게 증명되었다. (〈시간 여행의 패러독스*The Paradoxes of Tine Travel*〉, 《American Philosophical Quarterly》 13, 1976, pp.145~52, reprinted in 〈The Philosophy of Time〉, eds. R. Le Poidevin, M. MacBeath, Oxford University Press, Oxford University Press, 1993.)

36 이것은 핑클스타인(Finkelstein) 좌표계에서의 블랙홀 메트릭의 인과구조(casual structure)를 나타낸 것이다.

37 이의를 제기한 사람들 중 나와 각별한 친분이 있는 유명 과학자도 두 명 있다. 내게 애정과 더불어 자극도 느끼게 하는 이 두 사람은 리 스몰린(Lee Smolin, 《시간의 재탄생 *Time Reborn*》, Houghton Milfflin Harcourt, Boston, 2013, 이태리어 번역판 《시간의 재탄생 *La rinascita del tempo*》, Einaudi, Torino, 2014)과 조지 엘리스(George Ellis, 《시간의 흐름에 관하여*On the Flow of Time*》, FQXi Essay, 2008, https://arxiv.org/abs/0812.0240, 〈진화하는 우주블록과 시간의 맞물림*The Evolving Block Universe and the Meshing Together of Times*〉, 《*Annals of the New York Academy of Sciences*》 1326, 2014, pp.26~41, 《물리학이 어떻게 마음의 기초가 되는가?*How Can Physics Underlie the Mind?*》, Springer, Berlin, 2016)이다. 두 사람 모두 특별한 시간과 실제적인 현재가 존재할 것이라고 주장했다. 비록 이것들이 현재의 물리학에 포착되지 않는다고 할지라도 말이다. 우리는 아주 가까운 사람들과 더 열띤 토론을 벌인다. 과학도 이런 애정 관계와 똑같다. 시간의 실재에 대해 깊이 있고 논리 정연하게 반박한 내용이 R.M. 웅거(R.M. Unger)와 L. 스몰린(L. Smolin)의 책 《단일 우주와 시간의 실재성*The Singular Universe and the Reality of Time*》(Cambridge University Press, Cambridge, 2015)에 수록되어 있다. 단일한 시간의 실제적인 흐름에 대한 생각을 옹호하던 또 다른 나의 절친한 친구는 사미 마론(Samy Maroun)이다. 나는 이 친구와 함께 과정의 리듬을 조절하는 시간('신진대사' 시간)을 우주의 '실재하는' 시간과 구분해 상대성 물리학을 다시 쓸 가능성을 연구했다.(S. 마론과 C. 로벨리, 〈보편 시간과 시공간*Universal Time and Spacetime*〉, 《Metabolism》, 2015, http://smcquantum-physics.com/

pdf/version3English.pdf) 이 시도는 상당히 가능성이 높았고, 스몰린과 엘리스, 마론의 눈에도 옹호할 만한 가치가 있어 보였다. 하지만 잘될 수 있을까? 세상에 대한 설명을 우리 직관에 맞도록 보강할 것인지, 대신 우리가 발견한 세상에 우리의 직관을 맞출 방법을 배울 것인지 선택해야 한다. 나는 이 연구에 대한 2차 계획은 잘될 것이라고 거의 확신한다.

04 독립성의 상실

38 R.A. 슈얼(R.A. Sewell) 외, 〈빈번하거나 빈번하지 않은 대마초 사용자의 시간 지각에 대한 THC의 급성 효과*Acute Effects of THC on Time Perception in Frequent and Ingrequent Cannabis Users*〉, 《Psycho-pharmacology》 226, 2013, pp.401~13. 직접적인 경험은 거의 경악스러울 정도다.

39 V. 아르스틸라(V. Arstila), 〈사고 동안 시간의 지체*Time Slows Down during Accidents*〉, 《Frontiers in Psychology》 3, 196, 2012.

40 우리와 근원적으로 다른 시간 개념을 가진 문화권도 있다. D.L. 에버레트(D.L. Everett), 《잠들면 안 돼, 거기 뱀이 있어*Don't Sleep, There Are Snakes*》, Pantheon, New York, 2008.

41 《마태오복음》 20장, 1~16절.

42 P. 갤리슨(P. Galison), 《아인슈타인의 시계들, 푸앵카레의 지도들*Einstein's Clocks, Poincaré's Maps*》, Norton, New York, 2003, p.126. 이탈리아 번역본. 《아인슈타인의 시계들, 푸앵카레의 지도들*Gli orologi di Einstein, le mappe di Poincaré, Cortina*》, Cortina, Milano, 2004.

43 기술이 시간에 대한 우리의 개념을 점진적으로 변화시킨 드라마틱한 역사가 A. 프랭크(A. Frank)의 《시간에 관하여*About Time*》(Free Press, New York, 2011)에 기술돼 있다.

44 D.A. 골롬벡(D.A. Golombek)과 I.L. 부시(I.L. Bussi), P. V. 아고스티노(P.V. Agostino), 〈분, 일 및 년 : 생물학적 시간의 서로 다른 스케일 간 분자 상호 작용*Minutes, days and years: molecular interactions among different scales of biological timing*〉, 《*Philosophical Transactions of the Royal Society. Series B : Biological Sciences*》 369, 2014.

45 시간은 '이전과 이후와 관련한 변화의 수'ἀϱιθμὸς κινήσεως κατὰ τὸ πϱότεϱον καὶ ὕστεϱον.(아리스토텔레스, 《자연학*Fisica*》 IV, 219 b2, 232 b22~23도 참조.)

46 아리스토텔레스, 《자연학》 IV, 219 a4~6.

47 I. 뉴턴(I. Neuton), 《자연철학의 수학적 원리*Philosophiae Naturalis Principia Mathematica*》 I권, def. VIII, scholium.

48 Loc. cit.

49 공간과 시간에 대한 철학의 소개는 B.C. 반 프라센(B.C van Fraassen)의 《시간과 공간의 철학 개론*An Introduction to the Philosophy of Time and Space*》(Random House, New York, 1970)에 수록되어 있다.

50 뉴턴의 기본 방정식은 $F=md^2x/dt^2$이다.(여기서 시간 t가 제곱이라는 점에 주의해야 한다. 따라서 이 방정식은 t와 −t를 구분하지 않은 것이다. 즉, 2장에서 이야기한 것처럼 해당 시간의 정방향과 역방향이 동일하다.)

51 묘하게도 수많은 과학 역사서들이 라이프니츠와 뉴턴주의자들의 논쟁에서 라이프니츠가 대담하고 혁신적인 관계주의 생각을 가진 이단자로 취급받았다고 말하고 있다. 실제로는 그 반대다. 라이프니츠는 아리스토텔레스에서 데카르트에 이르기까지 언제나 관계주의가 지배했던 공간에 대한 전통적인 사고방식을 (새롭고 풍부한 논증들을 통해) 옹호했던 것이다.

52 아리스토텔레스의 정의는 매우 정확했다. 그는 한 물체의 공간은 물체를 둘러싸고 있는 '내부 가장자리'라고 정의했다. 우아하고 엄격한 정의다.

05 시간의 양자

53 이 부분에 대해서는 《보이는 세상은 실재가 아니다*La realtà non è come ci appare*》(Cortina, Milano, 2014)에 자세히 적혀 있다.

54 플랑크 상수보다 부피가 작은 위상공간 영역에서는 자유도(degree of freedom)를 지정할 수 없다.

55 빛의 속도와 뉴턴 상수, 플랑크 상수.

56 마이모니데스, 《난처한 자를 위한 지침서*The Guide for the Perplexed*》 I, 73, 106a.

57 아리스토텔레스의 논의에서(예를 들면 《자연학》 VI, 213, sgg.)에서 데모크리토스의 생각을 추론해볼 수 있지만, 내가 보기에는 증거가 불충분한 것 같다. 《데모크리토스. 살로몬 루리아의 단편과 해석, 해설 모음*Democrito. Raccolta dei frammenti, interpretazione e commentario di Salomon di Luria*》(Bompiani, Milano, 2007)을 참조.

58 드 브로이-봄(DeBroglie-Bohm) 이론이 맞지 않는다면, 정확한 간격이 있는 데 숨어 있는 것이다. 그리고 두 전자가 그다지 다르지는 않을 것이다.

59 그레이트풀 데드(The Grateful Dead), '햇빛 아래에서 산책하기*Walk in the Sun*'.

06 사물이 아닌 사건으로 이루어진 세상

60 N. 굿맨(N. Goodman), 《현상의 구조*The Structure of Appearance*》, Harvard University

Press, Cambridge, 1951, 이탈리아 번역본 《현상의 구조*La struttura dell'apparenza*》, Mulino, Bologna, 1985.

07 문법의 부적당함

61 반대의 입장에 대해서는 37번 참조를 보시라.

62 존 맥타가트(John McTaggart)가 쓴 시간에 관한 유명한 논문 〈시간의 비실재성*The Unreality of Time*〉('Mind', N.S., 17, 1908, pp.457~74, rist. 《The Philosophy of Time》, cit.)의 용어에서, 영원주의는 A-계열(A-series, 과거-현재-미래의 시간 순서 구성)의 실재성을 부정하는 것과 같다. 시간 측정의 의미는 오직 B-계열(B-series, '그것-이전, 그것-이후'의 시간 구성)이 된다. 맥타가트의 입장에서 이것은 시간의 실재를 부정하는 것이다. 내 의견으로는 맥타가트가 너무 강직했다. 내 자동차가 상상했던 것, 머릿속으로 원래 규정했던 것과 다르다고 해서 내 차가 실재하지 않는 것은 아니다.

63 아인슈타인이 아들과 미켈레 베소(Michele Besso)의 누이에게 1955년 3월 21일에 보낸 편지. A. 아인슈타인과 M. 베소, 《교신*Correspondance*》, 1903~1955, Hermann, Paris, 1972, 이탈리아어 번역본 A. 아인슈타인, 《선택된 작업들*Opere scelte*》, Bollati Boringhieri, Torino, 1988, p.707.(번역 작업은 필자가 했음.)

64 블록 유니버스에 대한 고전적인 논증은 철학자 힐러리 퍼트넘(Hilary Putnam)이 1967년도에 쓴 유명한 논문에 수록되어 있다.(〈시간과 물리 기하학*Time and Physical Geometry*〉, 《The Journal of Philosophy》 64, pp.240~47.) 퍼트남은 동시성에 대한 아인슈타인의 정의를 사용한다. 미주 30번에서 본 것처럼 지구와 프록시마b가 서로를 상대로 가까워지면, 지구에서의 사건 A는 프록시마b에서 일어난 사건 B와 동시간대이고, 사건 B는 (프록시마b에 있는 사람에게는) 사건 'A의 미래에 발생'한 지구의 사건 C와 동시간대이다. 퍼트넘은 '동시에 존재'하는 것은 '실재하는 지금에 있는 것'이어야 한다고 가정하고, 미래의 사건(위의 C와 같은 사건)들은 지금 실재한다고 도출하였다. 여기에서 오류는 아인슈타인의 동시성에 대한 정의가 존재론적 가치를 지닌다고 가정한 것인데, 사실상 이것은 편의를 위한 정의일 뿐이다. 이 정의는 근사를 통해 비상대론적인 것이 될 수 있는 상대론적 개념을 규정한다. 그러나 비상대론적 동시성은 재귀적, 이행적인 개념이다. 반면 아인슈타인의 개념은 그렇지 않다. 따라서 이 두 개념이 근사를 넘어 동일한 존재론적 의미를 갖는다는 가정은 이치에 맞지 않는다.

65 괴델(Gödel, 오스트리아 태생의 미국 수학자, 논리학자)이 제시한 이 논변에 의하면, 현재주의의 불가능성에 대한 물리학에서의 발견은 시간이 허상임을 함축한다.(《철학자이자 과학자, 알버트 아인슈타인*Albert Einstein: Philosopher-Scientist*》 중 〈상대성 이론과 이상주의 철학과의 관계에 대한 논평*A Remark about the Relationship between Relativity Theory and Idealistic*

Philosophy》(P. A. Schilpp ed, The Library of Living Philosophers, Evanston, 1949, 이탈리아어 번역본 《아인슈타인, 과학의 자서전*A. Einstein, Autografia scientific*》, Boringhieri, Torino, 1979, pp.199~206.) 이 경우에도 오류는 시간을 모두 존재하거나 전혀 존재하지 않는 단일한 개념적 블록으로 정의하는 데 있다. 핵심은 마우로 도라토가 정확하게 설명했다(《시간은 무엇인가?*Che cos'è il tempo?*》 인용 p.77.)

66 W.V.O. 콰인(Quine)의 〈존재하는 것*On What There Is*〉(《The Review of Metaphysics》 2, 1948, pp.21~38)과 J.L. 아우스틴(J.L. Austin)의 《감각과 감각대상*Sense and Sensibilia*》(Clarendon Press, Oxford, 1962, 이탈리아어 번역본, 《감각과 감각대상*Senso e Sensibilia*》 Marietti, Genova, 2001)에 실재성의 의미에 관한 훌륭한 설명을 참조하시라.

67 《De Hebd》, II, 24, 인용 C.H. Kahn, 《아낙시만드로스와 그리스 우주론의 기원*Anaximander and the Origins of Greek Cosmology*》, Columbia University Press, New York, 1960, pp.84~85.

68 아인슈타인이 우격다짐으로 주장했다가 나중에 마음을 바꾼 몇 가지 주요 논제들의 예를 살펴보자. 1. 우주의 팽창(처음에는 우스갯소리라고 하다가 나중에는 받아들였다.) 2. 중력파의 존재(처음에는 확실하다고 했다가 부정했다가, 나중에 다시 받아들였다.) 3. 물질이 없는 답을 수용하지 않는 상대성이론 방정식들(오랫동안 옹호하다가 나중에는 포기함. 맞는 생각임.) 4. 슈바르츠실트(Schwarzschild)의 지평선 너머에는 아무것도 존재하지 않는다.(틀린 생각이었다. 어쩌면 전혀 아는 바가 없었을 수도 있다.) 5. 중력장 방정식들은 일반 공변성일 수 없다.(1912년 그로스만[Grossmann]과의 연구 중에 주장한 내용인데, 3년 후에 아인슈타인이 반대 의견을 내세웠다.) 6. 우주 상수의 중요성(처음에는 확언하다가 나중에는 부정했는데, 처음에 주장한 내용이 옳았다.)…….

08 관계의 동역학

69 시간 속에서 계(system)의 진화를 설명하는 역학 이론의 일반적인 형식은 위상공간과 해밀턴 함수 H로 이루어진다. 진화는 함수 H에 의해 생성되고 시간 t에 의해 매개 변수화된 궤도로 설명된다. 한편 '서로서로 상호 관련된' 변수들의 진화를 설명하는 역학 이론의 일반적인 형식은 위상공간과 구속조건(constraint) C로 이루어진다. 변수들 간의 관계는 부분 공간(subspace) C=0에서 C에 의해 생성된 궤도들에 의해 부여된다. 이 궤도들의 매개 변수화에는 어떤 물리적 의미도 없다. 자세한 전문적 설명은 C. 로벨리의 《양자중력*Quantum Gravity*》(Cambridge Univerity Press, Cambridge, 2004)의 3장에 기재돼 있다. 요약된 버전을 보고 싶다면 C. 로벨리의 〈시간 잊기*Forget Time*〉(《Foundations of Physics》 41, 2011, pp.1475~90, https://arxiv.org/abs/0903.3832)를 참조하시라.

70 루프 양자중력에 대한 일반적인 설명은 C. 로벨리《보이는 세상은 실재가 아니다*La realtà non è come ci appare*》의 인용문에 기재돼 있다.

71 B.S. 디윗(B.S. DeWitt), 〈양자중력이론. I. 정준이론*Quantum Theory of Gravity. I. The Canonical Theory*〉, 《Pyhysical Review》 160, 1967, pp.1113~48.

72 J.A. 휠러(J.A. Wheeler), 〈헤르만 베일과 지식의 통합*Hermann Weyl and the Unity o Knowledge*〉, 《American Scientist》 74, 1986, pp.366~75.

73 J. 버터필드(J. Butterfield)와 C.J. 아이샴(C.J Isham), 《The Arguments of Time》 중 〈양자중력에서의 시간의 등장*On the Emergence of Time in Quantum Gravity*〉, J. Butterfield ed, Oxford University Press, Oxford, 1999, pp.111~68(http://philsci-archive.pitt.edu/1914/1/EmergTimeQG=9901024.pdf). H.D. 체(H.D. Zeh0, 《시간 방향의 물리학*Die Physick der Zeitrichtung*》 인용 《물리학이 플랑크 수준에서DML 철학을 만나다*Physics Meets Philosophy at the Planck Scale*》, C. 칼렌더(C. Callender)와 N. 휴거트(H. Huggett) 감수, Cambridge University Press, Cambridge, 2001. S. 캐롤(S. Carroll), 《영원에서 여기까지*From Eternity to Here*》, Dutton, New York, 2010, 이탈리아어 번역본, 《영원에서 여기까지*Dall'eternita' a qui*》, Adelphi, Milano, 2011.

74 계의 시간에 따른 진화를 설명하는 양자이론의 일반적인 형식은 힐베르트(Hilbert)의 공간과 해밀턴 연산자 H로 이루어진다. 이 진화는 슈뢰딩거의 방정식으로 설명된다. 상태 Ψ'를 측정하고 t 시간이 지난 이후에 순수 상태 Ψ를 측정할 확률은 전이 진폭 $\langle\Psi|\exp[-iHt/\hbar]|\Psi'\rangle$에 의해 주어진다. 서로서로 상호 관련된 변수들의 진화를 설명하는 양자이론의 일반 형식은 힐베르트의 공간과 휠러-디윗의 방정식 CΨ=0로 이루어진다. 상태 Ψ를 측정한 이후에 상태 Ψ'를 측정할 확률은 다음의 진폭 $\langle\Psi|\int dt\, \exp[-iCt/j]|\Psi'\rangle$에 의해 결정된다. 자세한 전문적 설명은 C. 로벨리의 《양자중력*Quantum Gravity*》 인용구를 참조한다. 요약된 버전의 전문 정보는 C. 로벨리의 《시간 잊기*Forget Time*》 인용구 참조.

75 B.S. 디윗, 《광선 위에서*Sopra un raggio di luce*》, Di Renzo, Roma, 2005.

76 세 가지 방정식이 있는데, 이들은 기초 연산자가 정의되는 힐베르트 공간을 정의한다. 기초 연산자의 고유 상태는 공간의 양자와 이들 간의 전이 확률을 나타낸다.

77 스핀은 공간대칭 그룹인 SO(3) 그룹의 표상들을 열거하는 양이다. 스핀 네트워크를 설명하는 수학은 보통의 물리 공간에 관한 수학과 마찬가지로 그룹 SO(3)의 특성을 공동으로 지닌다.

78 이 문제에 관해서는 C. 로벨리의 《보이는 세상은 실재가 아니다*La realtà non è come ci appare*》의 인용문에서 자세히 다루고 있다.

09 시간은 무지

79 Cfr. Qo, 3, 2~4.

80 정확히 말하면 해밀턴 H, 즉 위치와 속도의 함수로서 에너지.

81 dA/dt=A, H, 이 식에서 , 는 푸아송(Poisson)의 브라켓이고 A는 임의의 변수이다.

82 에르고드적(ergodic)인 체계.

83 이 방정식들은 본문에서 언급한 소정준형(microcanonical form)보다 볼츠만(Boltzmann)의 정준형에서 더 보기 편하다. 상태 $\varrho = exp[-H / kT]$는 시간에 따른 진화를 발생시키는 해밀턴 H에 의해 정의된다.

84 $H=-kT\ lN[\varrho]$는 해밀토니안(증배상수 포함)을 결정하고, 이 해밀토니안과 상태 ϱ부터 '열적' 시간이 결정된다.

85 R. 펜로제(R. Penrose), 《황제의 새로운 마음*The Emperor's New Mind*》, Oxford University Press, Oxford, 1989, 이탈리아어 번역본, 《황제의 새로운 마음*La mente nuova dell'imperatore*》, Rizzoli, Milano, 1992. 《실제를 향해 가는 길*The Road to Reality*》, Cape, London, 2004, 이탈리아어 번역본, 《실제를 향해 가는 길*La strada che porta alla realtà*》, Rizzoli, Milano, 2005.

86 양자역학 서적들의 언어로 그것은 일반적으로 '측정'이라 한다. 이 용어에 대해 오해의 소지가 있을 것 같아 다시 한번 말하지만, 이 용어는 세상이 아닌 물리학 실험실에 관한 이야기를 할 때 사용된다.

87 토미타 타케사키 정리(Tomita-Takesaki theory)는 폰 노이만 대수에서 상태가 흐름(모듈형 자기동형사상의 1-매개변수 집합)을 정의한다는 것을 보여준다. 알랭 콘은 서로 다른 상태들에 의해 정의된 흐름들은 내부 자기동형사상(internal automorphisms)을 제외하고 동등하며, 대수의 비가환(noncommutative) 구조에 의해서만 결정되는 추상적 흐름을 정의한다고 보여주었다.

88 위의 미주에서 언급한 대수의 내부 자기동형사상.

89 폰 노이만 대수에서 어느 한 상태의 열적 시간은 정확히 토미타의 흐름과 같다! 이 상태가 흐름에 대한 KMS이다.

90 C. 로벨리의 〈중력 통계역학과 시간의 열역학적 기원*Statistical Mechanics of Gravity and the Thermodynamical Origin of Time*〉, 《Classical and Quantum Gravity》 10, 1993, pp.1549~66. A. 콘(Connes)과 C. 로벨리, 〈폰노이만 대수 자기동형과 일반 공변 양자이론에서 시간-열역학의 관계*Von Neumann Algebra Automorphisms and Tie-Thermodynamics Relation in General Covariant Quantum Theories*〉, 《Classical and Quantum Gravity》 11, 1994, pp.2899~918.

91 A. 콘과 D. 셰로(D. Chéreau), J. 딕스미어(J. Dixmier), 《양자 극장*Le Théâtre quantique*》, Odie Jacob, Paris, 2013, 이탈리아어 번역본, 《바늘 끝*La punta dell'ago*》, Carocci, Roma, 2015, pp.129~30.

10 관점

92 이 문제에 대해서는 혼란스러운 측면이 매우 많다. 가장 간결하고 뛰어난 비판은 J. 이어맨(J. Earman)의 〈'과거 가설' : 거짓이 아님*The 'Past Hypothesi': Not Even False*〉(《Studies in History and Philosophy of Modern Physics》 37, 2006, pp.399~430) 참조. '초기의 낮은 엔트로피'라는 표현은 보다 일반적인 의미에서 의도된 것으로서, 이어맨이 논문에서 주장한 것처럼 제대로 이해되진 않고 있다.

93 F. 니체(F. Nietzsche), 《즐거운 지식*La gaia scienza*》, 《작품*Opere*》 중 vol. V/II, Adelphi, Milano, 1965, 재검토판 2쇄, 1991, pp.354, 258.

94 자세한 전문적인 내용들은 C. 로벨리, 《시간의 화살은 관점에 따라 다른가?*Is Time's Arrow Perspectival?*》(2015), 《우주론 철학*The Philosophy of Cosmology*》 중 ed K. Chamcham, J. Silk, J. D. Barrow, S. Saunders, Cambridge University Press, Cambridge, 2017, http://arxiv.org/abs/1505.01125.

95 열역학의 고전 공식에서는 우선 외부로부터 작용(예를 들면 피스톤을 움직이는 행위)이 가능하다고 본 일부 변수들, 혹은 우리가 측정할 수 있다고 본 변수들(예를 들어 구성 요소의 상대적 농도)을 지정함으로써 계를 설명할 수 있다. 이것들이 '열역학 변수'다. 열역학은 그 계에 대한 진정한 설명은 아니고, 계의 변수들에 대한 설명이다. 이 열역학 변수들을 통해 우리는 계와 상호 작용할 수 있다.

96 예를 들어 방 안의 공기를 균일한 가스라고 본다면 이 공기의 엔트로피는 어떤 값을 갖지만, 그것의 화학적 구성을 측정한다면 엔트로피의 값은 변화(감소)한다.

97 현대 철학자 예난 이즈마엘(Jenann T. Ismael)이 《상황적 자아*The Situated Self*》(Oxford University Press, New York, 2007)에서 이러한 관점 지향적인 세상의 측면에 대해 상세히 설명했다. 이즈마엘은 자유의지를 주제로 한 최고의 도서 《물리학은 우리를 얼마나 자유롭게 하는가*How Physics Makes Us Free*》(Oxford University Press, New York, 2016)도 집필했다.

98 데이비즈 Z. 앨버트(David Z. Albert, 《시간과 변화*Time and Chance*》, Harvard University Press, Cambridge, 2000)는 이러한 내용을 자연법칙으로 격상시키자고 제안하고 '과거 가설(past hypothesis)'이라 불렀다.

11 특수성에서 나오는 것

99 이 축소 과정도 흔하게 발생하는 혼란의 또 다른 근원이다. 응축된 구름이 분산된 구름보다 '정돈된' 것처럼 보인다. 그러나 사실은 그렇지 않다. 분산된 구름의 분자 속도는 작은 편이다. 그러나 구름이 응축되면 분자들의 속도가 빨라지고 위상공간은 퍼

진다. 분자들이 물리적 공간에선 응축되지만, 위상공간에선 분산된다. 이는 적절하다.

100 S.A. 코프먼(S.A. Kauffman), 《창조된 우주에서의 인간성*Humanity in a Creative Universe*》, Oxford Univesity Press, New York, 2016.

101 한스 라이헨바흐(Hans Reichenbach, 《시간의 방향*The Direction of Time*》, University of Californa Press, Berkeley, 1956)가 우주에서 국지적으로 엔트로피가 증가한다는 것을 이해하기 위해, 우주에서 발생하는 상호작용들이 가지처럼 분화된 구조를 이루고 있다는 사실의 중요성에 대해 설명한 바 있다. 라이헨바흐의 논문은 이 문제에 대해 의혹이 있거나 더 깊이 연구하고자 하는 사람들에게 중요한 자료로 인정받고 있다.

102 흔적과 엔트로피의 정확한 관계에 대해서는 H. 라이헨바흐의 《시간의 방향*The Direction of Time*》 인용구, 특히 엔트로피와 흔적, 공통인 관계에 관한 설명과 D.Z. 앨버트(D.Z. Albert)의 《시간과 우연*Time and Chance*》을 참조한다. 최근 이 주제를 다룬 내용은 D.H. 월퍼트(D.H. Wolpert)의 〈기억 시스템, 계산 그리고 열역학 제2법칙*Memory Systems, Computation, and the Second Law of Thermodynamics*〉, 《International Journal of Theoretical Physics》 31, 1992, pp.743~85.

103 우리가 이해하기 어려운 '원인'의 의미에 관한 문제는 N. 카트라이트(N. Cartwright)의 《원인 찾기와 사용하기*Hunting Causes and Using Them*》(Cambridge University Press, Cambridge, 2007년)를 참조한다.

104 라이엔바흐가 사용한 전문 용어로 '공통인(Common cause)'.

105 B. 러셀(B. Russell), 〈원인 관념에 관하여On the *Notion of Cause*〉, 《Proceedings of the Aristotelian Society》 N.S., 13, 1912~1913, pp.1~26, 본 책의 p.1.

106 N. 카트라이트(N. Cartwright), 《원인 찾기와 사용하기*Hunting Causes and Using Them*》 인용.

107 H. 프라이스(H. Price)의 《시간의 화살과 아르키메데스의 점*Time's Arrow & Archimedes' Point*》(Oxford University Press, Oxford, 1996)에 시간의 방향의 문제에 대해 명확하게 설명되어 있다.

12 마들렌의 향기

108 〈Mil〉 II, 1, in 《동방의 신성한 책*Sacred Books of the East*》 vol. XXXV, 1890.

109 C. 로벨리, 《의미=정보+진화*Meaning=Information+Evolution*》, 2016, http://arxiv.org/abs/1611.02420.

110 G. 토노니(G. Tononi)와 O. 스폰스(O. Sporns), G.M. 에델만(G.M. Edelman), 〈뇌의 복잡성 측정 : 기능적 분리와 신경계의 통합과의 관련성*A measure for brain complexity: Relating Functional Segregation and integration in the nevous system*〉, 《Proc. Natl. Acad. Sci.

USA》 91, 1994, pp.5033~37.

111 J. 호위(J. Hohwy), 《예측하는 마음*The Predictive Mind*》, Oxford University Press, Oxfod, 2013.

112 예를 들어 V. 만테(V. Mante)와 D. 수실로(D. Susillo), K.V. 셰노이(K.V. Shenoy), W.T. 뉴섬(W.T. Newsome)의 〈전두엽 피질에서의 반복 역학에 의한 문맥 의존적 계산*Context-dependent computation by recurrent dynamics in prefrontal cortex*〉 (《Nature》 503, 2013, pp.78~84)과 이 논문 중에 언급된 문헌을 참조해볼 수 있다.

113 D. 부오노마노(D. Buonomano), 〈시간 기계로서의 뇌 : 신경과학과 시간의 물리학*Your Brain is a Time Machine*〉, 《The Neuroscience and Physics of Time》, Norton, New York, 2017.

114 《1277년 파리의 비난*La condemnation parisienne de 1277*》, 편집 D. Piché, vrin, Paris, 1999.

115 E. 후설(E. Husserl), 《시간의 내적 인지에 관한 현상학*Vorlesungen zur Phänomenologie des inneren Zeitbewutseins*》, Niemeyer, Halle a. d. Saale, 1928, 이탈리아어 번역본, 《시간의 내적 인지에 관한 현상학*Per la fenomenologia della coscienza interna del tempo*》, 프랑코 안젤리(Franco Angeli), Milano, 1981.

116 앞서 언급한 텍스트에서, 후설은 이것이 '물리적인 현상'이 아니라고 주장한다. 자연주의자에게 이것은 원리에 대한 진술처럼 들린다. 그는 기억을 물리적 현상으로 보지 않으려 했는데, 이는 현상학적 경험을 자신의 분석의 출발점으로 사용하고자 했기 때문이다. 우리 뇌의 신경 역학에 관한 연구는 이 현상이 물리적으로 어떻게 나타나는지를 보여준다. 내 뇌의 물리적 상태의 현재는 과거의 뇌의 상태를 '보존'하는데, 이는 우리가 과거로부터 멀리 떨어질수록 점점 퇴색해간다. M. 자자예리(M. Jazayeri)와 M.N. 쉐들렌(M.N. Shadlen)의 〈시간 간격 감지와 재현을 위한 신경 메커니즘*A Neural Mechanism for Sensing and Reproducing a Time Interval*〉, 《Current Biology》 25, 2015, pp.2599~609.

117 M. 하이데거, 《Gesamtausgabe》 중 〈형이상학 입문*Einführung in die Metaphysik*〉(1935), Klostermann, Frankfurt a. M., vol. XL, 1983, p.90, 이탈리아어 번역본 《형이상학 입문*Introduzione alla metafisica*》, Mursia, Milano, 2쇄, 1972, p.94.

118 M. 하이데거, 《Gesamtausgabe》 중 〈존재와 시간*Sein und Zeit*〉(1927), 인용, vol. II, 1977, 이탈리아어 번역본 《존재와 시간*Essere e tempo*》, Longanesi, Milano, 신간 재검토, 2005.

119 M. 프루스트(Proust), 《잃어버린 시간을 찾아서*À la recherché du temps perdu*》 중 〈스완네 집 쪽으로*Du côté de chez Swann*〉, Gallimard, Paris, vol. I, 1987, pp.3~9.

120 Ibid., p.182.

121 G.B. 비카리오(G.B. Vicario), 《시간. 경험적 심리학의 지혜Il *tempo. Saggio di psicologia sperimentale*》, il Mulino, Bologna, 2005.

122 이 관찰은 상당히 알려진 편인데, 예를 들어 J.M.E. 맥타가트의 《존재의 본질*The*

Nature of Existance》(Cambridge University Press, Cambridge, vol. I, 1921)의 표지에도 기재돼 있다.(이탈리아어 번역본,《존재의 본질*La natura dell'esistenza*》, Pitagora, Bologna, 1999.)

123 M. 하이데거의 《숲길*Holzwege*》(1950, Gesamtausgabe) 중 Lichtung(밝힘), vol. V, 1977, passim, 이탈리아어 번역본, 《끊긴 길들*Sentieri interrotti*》, La Nuova Italia, Firenze, 1968.

124 사회학계의 대부 중 한 사람인 뒤르켐(Durkheim)(《종교생활의 기본형식*Les Formes élémentaires de la vie religieuse*》, Alcan, Paris, 1912)에게 시간의 개념은 다른 거대한 사상들처럼 사회에, 특별히 시간의 원초적인 형식을 구성하는 종교적인 구조에 그 기원을 두고 있다. 만약 시간 개념의 복잡한 측면들(더 많은 외부 층들)에 대해 정말 그럴 수 있다면, 내 생각에는 시간 경과에 대한 직접적인 경험이 확대되기는 어려울 것 같다. 다른 포유류도 우리와 거의 같은 뇌를 가지고 있어서 우리처럼 시간의 경과를 경험하지만 사회나 종교는 필요로 하지 않는다.

125 인간 심리학과 관련한 시간의 기초에 관한 측면은 W. 제임스(W. James)의 고전《심리학의 원리*The Principles of Psychology*》(Henry Holt, New York, 1890)도 참조해보자.

126 《마하박가*Mahãvagga*》 I, 6, 19, 〈Sacred Bools of the East〉 중 vol. XIII, 1881. 불교와 관련한 개념들은 H. 올든버그(H. Oldenberg)의 《부처*Buddha*》(Dall'Oglio, Milano, 1956) 책자를 주로 이용했다.

127 H. 폰 호프만스탈(H. von Hofmannsthal), 《장미의 기사Il *Cavaliere della Rosa*》, I장.

13 시간의 원천

128 Qo, 3, 2.

129 이러한 시간의 특성을 가볍고 재미있으면서 이해하기 쉽게 다룬 내용은 C. 칼렌더(C. Callender)와 R. 에드니(R. Edney)의 《시간 소개*Introducing Time*》(Icon Books, Cambridge, 2001년) 책자를 참고한다.(이탈리아어 번역본, 《만화로 알아보는 시간Il *tempo a fumetti*》, Cortina, Milano, 2009.)

14 이것이 시간이다

130 《*Mbh*》, III, 297.

131 Cfr. 《*Mbh*》, I, 119.

132 A. 발레스트리에리(A. Balestrieri), 〈인간의 지능 진화에 방해가 되는 정신분열. 추상적 사고와 현실에 대한 자연스러운 감각의 상실Il *disturb schizofrenico nell'evoluzione della* *mente umana. Pensiero astratto e perdita del senso natural della realta)*〉, 《Comprendre》 14, 2004, pp.55~60.

133 R. 칼라소(R. Calasso), 《정열*L'ardore*》, Adelphi, Milano, 2010.

134 《*Qo*》, 12, p.6~7.

시간은 흐르지 않는다

2019년 6월 10일 초판 1쇄 | 2024년 12월 30일 80쇄 발행

지은이 카를로 로벨리 **옮긴이** 이중원
펴낸이 이원주

책임편집 조아라
기획개발실 강소라, 김유경, 강동욱, 박인애, 류지혜, 이채은, 최연서, 고정용
마케팅실 양근모, 권금숙, 양봉호, 이도경 **온라인홍보팀** 신하은, 현나래, 최혜빈
디자인실 진미나, 윤민지, 정은예 **디지털콘텐츠팀** 최은정 **해외기획팀** 우정민, 배혜림, 정혜인
경영지원실 강신우, 김현우, 이윤재 **제작팀** 이진영
펴낸곳 쌤앤파커스 **출판신고** 2006년 9월 25일 제406-2006-000210호
주소 서울시 마포구 월드컵북로 396 누리꿈스퀘어 비즈니스타워 18층
전화 02-6712-9800 **팩스** 02-6712-9810 **이메일** info@smpk.kr

ISBN 978-89-6570-806-3 (03400)